环境质量自动监测系统运行管理技术丛书

空气质量自动监测系统
运行管理技术手册

罗 彬 张 巍 曹 攀 编著

U0205895

西南交通大学出版社
·成 都·

图书在版编目（ＣＩＰ）数据

空气质量自动监测系统运行管理技术手册 / 罗彬，张巍，曹攀编著. —成都：西南交通大学出版社，2018.11

（环境质量自动监测系统运行管理技术丛书）

ISBN 978-7-5643-6603-2

Ⅰ. ①空… Ⅱ. ①罗… ②张… ③曹… Ⅲ. ①环境空气质量 – 空气污染监测 – 自动化监测系统 – 运行 – 管理 – 技术手册 Ⅳ. ①X831-62

中国版本图书馆 CIP 数据核字（2018）第 268539 号

环境质量自动监测系统运行管理技术丛书

空气质量自动监测系统运行管理技术手册

罗彬　张巍　曹攀　编著

责 任 编 辑	牛　君
助 理 编 辑	赵永铭
封 面 设 计	墨创文化
	西南交通大学出版社
出 版 发 行	（四川省成都市二环路北一段 111 号 西南交通大学创新大厦 21 楼）
发 行 部 电 话	028-87600564　028-87600533
邮 政 编 码	610031
网　　　址	http://www.xnjdcbs.com
印　　　刷	四川煤田地质制图印刷厂
成 品 尺 寸	170 mm × 230 mm
印　　　张	12.25
字　　　数	220 千
版　　　次	2018 年 11 月第 1 版
印　　　次	2018 年 11 月第 1 次
书　　　号	ISBN 978-7-5643-6603-2
定　　　价	48.00 元

《空气质量自动监测系统运行管理技术手册》

主编单位　四川省环境监测总站
参编单位　成都市环境监测中心站
　　　　　　　南充市环境监测中心站
　　　　　　　泸州市环境监测中心站
　　　　　　　广元市环境监测中心站
　　　　　　　宜宾市环境监测中心站
　　　　　　　攀枝花市环境监测中心站
　　　　　　　资阳市环境监测中心站

《空气质量自动监测系统运行管理技术手册》
编写人员（以姓氏拼音为序）

曹 攀　陈建文　陈 林　陈美芳　陈 骞　胡 健　胡修文
黄海洲　李 翔　刘培川　龙文麟　罗 彬　罗 俊　钱一凡
谭钦文　吴建军　颜 华　张洪文　张 坤　张 巍　钟利健

前 言

我省环境空气自动监测系统（以下简称系统）经过多年建设，已经成为环境空气质量发布、考核的重要依据。但实践表明，我省系统运行管理能力一定程度上仍缺乏系统性、规范性，为规范我省环境空气质量自动监测系统的建设及运行管理，确保及时、真实、准确、全面、客观地反映环境空气质量，发挥环境空气质量自动监测的实时监控和测管协同预警作用，更好地为大气污染防控管理决策提供技术支撑，四川省环境监测总站组织编写了《空气质量自动监测系统运行管理技术手册》。手册内容主要包括 4 章：第 1 章为操作规程；第 2 章为系统管理；第 3 章为数据记录；第 4 章为数据统计分析。

本书邀请成都市环境监测中心站、南充市环境监测中心站、泸州市环境监测中心站、广元市环境监测中心站、宜宾市环境监测中心站、攀枝花市环境监测中心站、资阳市环境监测中心站参与编写，编写人员主要有（按姓氏拼音为序）：曹攀、陈建文、陈林、陈美芳、陈骞、胡健、胡修文、黄海洲、李翔、刘培川、龙文麟、罗彬、罗俊、钱一凡、谭钦文、吴建军、颜华、张洪文、张坤、张巍、钟利健。谨以此书献给从事环境空气质量自动监测的同行，希望能对大家的工作提供参考。由于环境空气质量自动监测系统处于快速发展过程中，限于作者的学识和水平，书中疏漏和不当之处在所难免，请广大同仁批评指正。

作　者
2018 年 7 月

目　录

1　操作规程

1.1　概　述

环境空气质量自动监测系统是指对环境空气质量要素进行样品采集、自动分析、动态校准、数据采集、数据传输、信息发布以及条件保障等组成的系统。空气自动监测系统由空气监测子站、中心计算机房、系统支持实验室和质量保证实验室组成。

我省环境空气质量自动监测系统按照子站功能定位主要分为：城市站、农村区域站和背景站。城市站主要承担对城市环境空气质量的监测及评价，该类子站应配置常规六参数分析仪（SO_2、NO_2、O_3、CO、$PM_{2.5}$、PM_{10}）、动态校准仪、零气发生器、气象系统、数据采集与传输系统和能见度与城市摄影系统等；农村区域站主要承担对农村区域环境空气质量的监测及评价，该类子站配置了常规五参数分析仪（SO_2、NO_2、O_3、CO、PM_{10}）、动态校准仪、零气发生器、气象系统和数据采集与传输系统等；背景站主要承担对我省环境空气质量背景值的监测，提供我省环境空气的本底值，该类子站配置了常规六参数分析仪（SO_2、NO_2、O_3、CO、$PM_{2.5}$、PM_{10}）、动态校准仪、零气发生器、气象系统、数据采集与传输系统、能见度仪、环境摄影仪、二氧化碳和甲烷分析仪、氧化亚氮分析仪、黑炭仪和雨量计等。

1.2　二氧化硫

1.2.1　方法原理

二氧化硫分析仪基本方法为紫外荧光法。该法的原理是基于紫外灯发出的紫外光（190～230 nm）通过 214 nm 的滤光片，激发 SO_2 分子使其处于激发态，在 SO_2 分子从激发态衰减返回基态时产生荧光（240～420 nm），荧光强度由一个带着滤光片的光电倍增管测得，通过荧光的强度来计算 SO_2 浓度。

1.2.2　运行维护

1.2.2.1　维护内容

SO_2 分析仪的运行维护主要有检查、更换和清洁三种方式，下面维护时间表 1-1 可根据具体情况略做调整。

表 1-1　SO_2 分析仪维护一览表

序号	维护周期	维护方式	维护内容
1	每日	检查	检查仪器参数
2	每周	更换	更换过滤膜
3	每月	检查	检漏
4			检查流量
5	每年	清洁	清洁流量控制器
6			清洁机箱、管路、电路板、排风扇
7		更换	更换泵隔膜
8		检查	预防性检修
9	有必要时	更换	更换紫外灯

1.2.2.2　检查参数

（1）查看分析仪是否处于正常采样状态。

（2）查看分析仪面板主要参数是否在正常范围（流量、电压、浓度电压、压力、温度、紫外灯强度等）。

（3）根据参数情况对分析仪进行相应处理。

（4）将检查结果填入表 kqzd-02（详见第 3 章，全书同）。

1.2.2.3　检查泄漏

（1）调节分析仪面板至流量显示界面。

（2）断开分析仪后面板采样管。

（3）用堵头或手指堵住分析仪采样口并观察面板流量显示。

（4）根据显示流量的下降程度来判断分析仪气路是否泄漏（样气流量为

0.6 slpm，样气的压力变化 5%以内，流量读数变化低于 1%，则正常，否则检查气路是否泄漏）。

（5）泄漏则沿着气路走向查找泄漏处并做相应处理。

（6）将检查结果填入表 kqzd-03。

1.2.2.4　清洁流量控制器

（1）关闭分析仪电源并移除机盖。

（2）断开流量控制器连接管路并取下流量控制器。

（3）用酒精对流量控制器组件进行清洗。

（4）按正确顺序安装流量控制器。

（5）重启分析仪，恢复正常采样状态。

（6）将操作记录填入表 kqzd-21。

1.2.2.5　清洁机箱、管路、电路板、排风扇

（1）关闭分析仪电源并移除机盖，拆卸管路、电路板、排风扇。

（2）用干净的湿布清洁分析仪外表面。

（3）用吸尘器清洁机箱内可接近区域。

（4）用压缩气吹扫管路、电路板、排风扇。

（5）重新安装管路、电路板、排风扇。

（6）重启分析仪，恢复正常采样状态。

（7）将操作记录填入表 kqzd-21。

1.2.2.6　更换过滤膜

（1）打开采样过滤器并取下旧过滤膜。

（2）安装新过滤膜并拧紧采样过滤器。

（3）重启分析仪，恢复正常采样状态。

（4）将操作记录填入表 kqzd-21。

1.2.2.7　更换泵隔膜

（1）关闭分析仪电源并移除机盖。

（2）断开泵的电路连接和气路连接。

（3）拆卸泵并取出旧泵隔膜。

（4）安装新泵隔膜并重新组装泵，恢复电路和气路连接。

（5）重启分析仪，恢复正常采样状态。

（6）将操作记录填入表 kqzd-21。

1.2.2.8　更换紫外灯光源

（1）关闭分析仪电源并移除机盖。

（2）断开紫外灯的电路连接。

（3）拆卸旧紫外灯并安装新紫外灯。

（4）恢复紫外灯的电路连接。

（5）重启分析仪，恢复正常采样状态。

（6）将操作记录填入表 kqzd-21。

1.2.2.9　预防性检修

（1）按设备使用和维护手册规定的要求，根据使用寿命更换监测设备中的紫外灯等关键零部件。

（2）对仪器电路各测试点进行测试与调整。

（3）对仪器进行气路检漏和流量检查。

（4）对光路、气路、电路板和各种接头及插座等进行检查和清洁处理。

（5）对仪器进行单点校准，并记录校准情况。

（6）对仪器进行多点校准，并记录校准情况。

（7）对仪器进行连续 24 h 的运行考核，在确认仪器工作正常后方可投入使用。

（8）填入表 kqzd-20。

1.2.3　测　试

1.2.3.1　测试内容

SO_2 分析仪的测试主要有零点、跨度、流量、准确度、精密度、光强、压力的测试以及多点校准。请按表 1-2 执行。

表 1-2　SO_2 仪器测试一览表

序号	测试周期	测试内容
1	每周	零点测试
2		跨度测试

序号	测试周期	测试内容
4	每月	流量测试
6	每季度	准确度测试
7		精密度测试
8	每半年	多点校准
9	必要时	光强测试
		压力测试
10	仪器维修后	多点校准

1.2.3.2　流量测试

（1）准备相应流量测定范围的标准流量计，二氧化硫分析仪流量范围通常为 0.35 ~ 0.90 slpm。

（2）断开仪器后面板的样品管，将标准流量计的出气口与分析仪的采样口连接。

（3）确保流量计的入口压力为大气压，查看标准流量计的工况流量读数是否与仪器显示读数一致。

（4）过低的流量表明气路可能堵塞，更换或清洗烧结过滤器；过高的流量表明气路可能漏气，需要检漏。

（5）将测试结果填入表 kqzd-03。

1.2.3.3　零点测试

（1）通常零点检查需要每天检查，因仪器性能、工作状态，零点检查频率可以相应调整，但至少每周进行一次。

（2）向分析仪器通入一定流量的零气，在仪器菜单选择校准模式，设为零点检查。

（3）等待分析仪器获得的读数稳定，通常需要 15 min 以上。

（4）读数稳定后对零点漂移进行判断，零点漂移超过国家规范规定范围必须对分析仪器进行零点校准。

（5）将测试结果填入表 kqzd-02。

1.2.3.4　跨度测试

（1）通常跨度检查需要每周进行一次，因仪器性能、工作状态，跨度检查频率可以相应调整，但至少每周进行一次。

（2）打开标准气钢瓶，调节减压阀使输出压力为 0.2 MPa。

（3）向分析仪器通入设定量程的 75%～90%浓度范围内的标准气，在仪器菜单选择校准模式，设为跨度检查。

（4）记录仪器响应值及响应时间，要求仪器响应值达到 90%目标标气浓度值时，其响应时间不超过 5 min。

（5）等待分析仪器获得的读数稳定，通常需要 15 min 以上。

（6）读数稳定后对跨度漂移进行判断，跨度漂移超过国家规范规定范围必须对分析仪器进行跨度校准。

（7）将测试结果填入表 kqzd-02。

1.2.3.5　压力测试

（1）准备相应测定范围的压力传感器，二氧化硫分析仪压力范围通常比当前大气压稍低。

（2）关闭泵，断开仪器内部流量传感器入口管路，接入压力传感器。

（3）稳定 30 s，查看压力传感器读数是否与仪器显示读数一致。

（4）打开泵，待压力传感器读数稳定后，取决于泵的能力，此读数相对较低，查看压力传感器读数是否与仪器显示读数一致。

（5）将测试结果填入表 kqzd-02。

1.2.3.6　光强测试

（1）该测试用于判断 PMT 的运作、放大和预处理器是否正常。部分分析仪器有可能不支持该项测试。

（2）打开仪器反应室内的小白炽灯泡，模拟反应室内正常 SO_2 荧光反应的光。

（3）检查光电倍增管检测到的信号强度，与仪器出厂值比较来判断 PMT 是否正常。

（4）将测试结果填入表 kqzd-02。

1.2.3.7　多点校准

1. 多点校准应在下列情况下进行

（1）分析仪器安装：更换备机时、分析仪器大修、移动、修理或中断使用数天后投入使用时。

（2）分析仪器不稳定：跨度/零漂移超过15%时，超出性能审核极限时。

（3）分析仪器正常：至少半年一次。

2. 多点校准执行步骤

（1）首先确保动态气体校准仪性能完全符合要求（质量流量控制器准确度在±1％，渗透室温度在±0.1 ℃，臭氧发生器准确度在±2％）。

（2）设置动态校准仪的标准气体输出，向分析仪器分别通入该仪器满量程 0、10%、30%、50%、70%和 90%体积分数浓度值的标准气体，待各点读数稳定后分别记录各点的响应值。

（3）将校准结果填入表 kqzd-04。

1.2.3.8　精密度测试

（1）向分析仪通入体积分数在 $8\times10^{-6}\sim10\times10^{-6}$ 之间的一定浓度的标气，记录响应时间待仪器稳定后，将仪器读数与标气实际浓度进行比较从而确定仪器的精密度。

（2）精密度测试前不能改动监测仪器的任何设置参数，若精密度测试连同仪器零/跨调节一起进行，则要求精密度测试必须在零/跨调节前进行。

（3）通入标气同时需记录仪器的响应值以及已知标气值。

（4）将测试结果填入表 kqzd-10。

1.2.3.9　准确度测试

（1）向分析仪通入一系列浓度的标气，将仪器监测读数与标气实际浓度进行比较从而确定仪器的准确度。

（2）记录下通入不同标气下仪器的响应值及已知标气值。

3、通入各个审核点的标气体积分数（仪器满量程）：1（0%）、2（20%F.S）、3（40%F.S.）、4（60%F.S.）、5（80%F.S.）。

（4）准确度测试前不能改动监测仪器的任何设置参数，若准确度测试连同仪器零/跨调节一起进行，则要求准确度测试必须在零/跨调节前进行。

（5）将测试结果填入表 kqzd-11。

1.2.4　注意事项

1.2.4.1　常见故障诊断

SO_2 分析仪常见故障诊断见表 1-3。

表 1-3 SO$_2$ 分析仪常见故障诊断表

故障现象	故障原因	解决方案
无显示；仪器无反应	AC 电源	① 确认电源线是否连接； ② 检查电源保险丝是否打开； ③ 确认电源处的电压开关在合适的位置
零流量或低流量	泵出现故障	更换泵
	滤膜堵塞	检查滤膜，必要时更换
噪声或不稳定的读数	UV 灯没有调试好	调节 UV 灯，如果不能获得正确的读数，请更换
	TE 冷却器或反应室加热器	温度控制故障造成仪器零点随着环境温度漂移，确认反应室温度是否在正常范围内，TE 冷却器的温度是否在正常范围内
标气浓度值极低	标气设定问题	按操作手册的校准步骤设定校准标气
	无流量	检查气路是否堵塞，参考低流量故障
	泄漏	稀释样气流漏气，造成低的标气读数和噪声
零点漂移	活性炭饱和	更换活性炭
不稳定的流量或压力读数	反应室加热控制故障	反应室的温度应该在正常范围内
响应时间很长	低流量	用流量计检查样气流量，应该在 0.35～0.9 slpm（STP），否则应更换限流孔或除烃器
	除烃器损坏	执行检漏测试，如果没有泄露，避开除烃器重新测试响应时间，如果上升时间本身是正确的，更换除烃器；否则应检查标气传递系统，流量和粒子过滤器

1.2.4.2 停电异常处理

二氧化硫分析仪器停电重启后，注意检查紫外灯电压，电压过低将无法通过自检，应重新调试紫外灯位置和方向。

1.2.4.3 其他

当污染物长时间低于三倍检出限时，应对分析仪开展低浓度的校准；个别环境空气质量较好的城市，可以适当调低量程。

1.3 二氧化氮

1.3.1 方法原理

氮氧化物分析仪的基本方法为化学发光法。该法的工作原理是基于 NO 与 O_3 的化学发光反应生成激发态的 NO_2 分子，在返回基态时放出与 NO 浓度成正比的光，用红敏光电倍增管接收此光即可测得 NO 浓度。对于总氮氧化物（$NO_x \Longleftrightarrow NO+NO_2$）的测定，须先将样气中的 NO_2 转换成 NO，再与 O_3 反应后进行测定，即测得 NO_x 浓度，两次测定值的差值即为 NO_2 的浓度。

1.3.2 运行维护

1.3.2.1 维护内容

NO_x 仪器的运行维护主要有检查、更换和清洁三种方式，下面维护时间表 1-4 可根据具体情况略做调整。

表 1-4 NO_x 仪器维护一览表

序号	维护周期	维护方式	维护内容
1	每日	检查	检查仪器参数
2	每周	更换	更换过滤膜
3	每月	检查	检漏
4			检查流量
5	每年	清洁	清洁流量控制器
6			清洁机箱、管路、电路板、排风扇
7		更换	更换泵隔膜
8		检查	预防性检修

1.3.2.2 检查参数

（1）查看分析仪是否处于正常采样状态。

（2）查看分析仪面板主要参数是否在正常范围。

（3）根据参数情况对分析仪进行相应处理。

（4）将检查结果填入表 kqzd-02。

1.3.2.3　检查泄漏

（1）调节分析仪面板至流量显示界面。
（2）断开分析仪后面板采样管。
（3）用堵头或手指堵住分析仪采样口并观察面板流量显示。
（4）根据显示流量的下降程度来判断分析仪气路是否泄漏。
（5）泄漏则沿着气路走向查找泄漏处并做相应处理。
（6）将检查结果填入表 kqzd-03。

1.3.2.4　清洁流量控制器

（1）关闭分析仪电源并移除机盖。
（2）断开流量控制器连接管路并取下流量控制器。
（3）用酒精对流量控制器组件进行清洗。
（4）按正确顺序安装流量控制器。
（5）重启分析仪，恢复正常采样状态。
（6）将操作记录填入表 kqzd-21。

1.3.2.5　清洁机箱、管路、电路板、排风扇

（1）关闭分析仪电源并移除机盖，拆卸管路、电路板、排风扇。
（2）用干净的湿布清洁分析仪外表面。
（3）用吸尘器清洁机箱内可接近区域。
（4）用压缩气吹扫管路、电路板、排风扇。
（5）重新安装管路、电路板、排风扇。
（6）重启分析仪，恢复正常采样状态。
（7）将操作记录填入表 kqzd-21。

1.3.2.6　更换过滤膜

（1）打开采样过滤器并取下旧过滤膜。
（2）安装新过滤膜并拧紧采样过滤器。
（3）重启分析仪，恢复正常采样状态。
（4）将操作记录填入表 kqzd-21。

1.3.2.7　更换泵隔膜

（1）关闭分析仪电源并移除机盖。

（2）断开泵的电路连接和气路连接。

（3）拆卸泵并取出旧泵隔膜。

（4）安装新泵隔膜并重新组装泵，恢复电路和气路连接。

（5）重启分析仪，恢复正常采样状态。

（6）将操作记录填入表 kqzd-21。

1.3.2.8　预防性检修

（1）按设备使用和维护手册规定的要求，根据使用寿命更换监测设备中的关键零部件。

（2）对仪器电路各测试点进行测试与调整。

（3）对仪器进行气路检漏和流量检查。

（4）对光路、气路、电路板和各种接头及插座等进行检查和清洁处理。

（5）对仪器进行单点校准，并记录校准情况。

（6）对仪器进行多点校准，并记录校准情况。

（7）对仪器进行连续 24 h 的运行考核，在确认仪器工作正常后方可投入使用。

（8）填入表 kqzd-20。

1.3.3　测试

1.3.3.1　测试内容

NO_x 仪器的测试主要有零点、跨度、流量、准确度、精密度、光强、压力的测试以及多点校准。下面的测试周期表 1-5 可根据实际情况略做调整。

表 1-5　NO_x 仪器测试一览表

序号	测试周期	测试方式	测试内容
1	每周	测试	零点测试
2			跨度测试
4	每月	测试	流量测试
6	每季度	质控	准确度检查

序号	测试周期	测试方式	测试内容
7			精密度检查
8	每半年	质控	多点校准
			钼炉转化率测试
9	有必要时	测试	光强测试
			压力测试
10	仪器维修	质控	多点校准

1.3.3.2　流量测试

（1）准备相应流量测定范围的标准流量计。

（2）断开仪器后面板的样品管，将标准流量计的出气口与分析仪的采样口连接。

（3）确保流量计的入口压力为大气压，查看标准流量计的工况流量读数是否与仪器显示读数一致。

（4）过低的流量表明气路可能堵塞，更换或清洗烧结过滤器；过高的流量表明气路可能漏气，需要检漏。

（5）将测试结果填入表 kqzd-03。

1.3.3.3　零点测试

（1）通常零点检查需要每天检查，因仪器性能、工作状态，零点检查频率可以相应调整，但至少每周进行一次。

（2）向分析仪器通入一定流量的零气，在仪器菜单选择校准模式，设为零点检查。

（3）等待分析仪器获得的读数稳定，通常需要 15 min 以上。

（4）读数稳定后对零点漂移进行判断，零点漂移超过国家规范规定范围必须对分析仪器进行零点校准。

（5）将测试结果填入表 kqzd-02。

1.3.3.4　跨度测试

（1）通常跨度检查需要每周进行一次，因仪器性能、工作状态，跨度检查频率可以相应调整，但至少每周进行一次。

（2）打开标准气钢瓶，调节减压阀使输出压力为 0.2 MPa。

（3）向分析仪器通入设定量程的 75%～90%浓度范围内的标准气，在仪器菜单选择校准模式，设为跨度检查。

（4）记录仪器响应值及响应时间，要求仪器响应值达到 90%目标标气浓度值时，其响应时间不超过 5 min。

（5）等待分析仪器获得的读数稳定，通常需要 15 min 以上。

（6）读数稳定后对跨度漂移进行判断，跨度漂移超过国家规范规定范围必须对分析仪器进行跨度校准。

（7）将测试结果填入表 kqzd-02。

1.3.3.5　压力测试

（1）准备相应测定范围的压力传感器，氮氧化物分析仪压力范围通常比当前大气压稍低。

（2）关闭泵，断开仪器内部流量传感器入口管路，接入压力传感器。

（3）稳定 30 s，查看压力传感器读数是否与仪器显示读数一致。

（4）打开泵，待压力传感器读数稳定后，取决于泵的能力，此读数相对较低，查看压力传感器读数是否与仪器显示读数一致。

（5）将测试结果填入表 kqzd-04。

1.3.3.6　光强测试

（1）该测试用于判断 PMT 的运作、放大和预处理器是否正常。部分分析仪器有可能不支持该项测试。

（2）打开仪器反应室内的小白炽灯泡，模拟反应室内正常化学反应的荧光。

（3）检查光电倍增管检测到的信号强度，与仪器出厂值比较来判断 PMT 是否正常。

（4）将测试结果填入表 kqzd-02。

1.3.3.7　多点校准

1. 多点校准应在下列情况下进行

（1）分析仪器安装：更换备机时、分析仪器大修、移动、修理或中断使用数天后投入使用时。

（2）分析仪器不稳定：跨度/零漂移超过 15%时，超出性能审核极限时。

（3）分析仪器正常：至少半年一次。

2. 多点校准执行步骤

（1）首先确保动态气体校准仪性能完全符合要求（质量流量控制器准确度在±1％，渗透室温度在±0.1℃，臭氧发生器准确度在±2％）。

（2）设置动态校准仪的标准气体输出，向分析仪器分别通入该仪器满量程 0、10%、30%、50%、70% 和 90%体积分数浓度值的标准气体，待各点读数稳定后分别记录各点的响应值。

（3）将校准结果填入表 kqzd-07。

1.3.3.8　精密度测试

（1）向分析仪通入体积分数在 $8\times10^{-6}\sim10\times10^{-6}$ 之间的一定浓度的标气，记录响应时间待仪器稳定后，将仪器读数与标气实际浓度进行比较从而确定仪器的精密度。

（2）精密度测试前不能改动监测仪器的任何设置参数，若精密度测试连同仪器零/跨调节一起进行，则要求精密度测试必须在零/跨调节前进行。

（3）通入标气同时需记录仪器的响应值以及已知标气值。

（4）将测试结果填入表 kqzd-10。

1.3.3.9　准确度测试

（1）向分析仪通入一系列浓度的标气，将仪器监测读数与标气实际浓度进行比较从而确定仪器的准确度。

（2）记录下通入不同标气下仪器的响应值及已知标气值。

（3）通入各个审核点的标气体积分数（仪器满量程）：1（0％）、2（20%F.S）、3（40%F.S.）、4（60%F.S.）、5（80%F.S.）。

（4）准确度测试前不能改动监测仪器的任何设置参数，若准确度测试连同仪器零/跨调节一起进行，则要求准确度测试必须在零/跨调节前进行。

（5）将测试结果填入表 kqzd-11。

1.3.3.10　钼炉转化率测试

（1）调整动态校准仪输出 NO 流量使产生大约为 90%NO_2 满量程的 NO 浓度。

（2）待仪器稳定后，记录 NO 和 NO_2 的值。

（3）启动动态校准仪中的臭氧发生器，产生 O_3 以产生足够的 NO_2 浓度，记录 NO 和 NO_x 读数的平均值。

（4）按公式计算氮氧化物钼炉转化率，将测试结果填入表 kqzd-05。

1.3.4　注意事项

1.3.4.1　常见故障诊断

NO_x 分析仪常见故障诊断见表 1-6。

表 1-6　NO_x 分析仪常见故障诊断表

故障现象	故障原因	解决方案
无显示；仪器无反应	AC 电源	① 确认电源线是否连接； ② 检查电源保险丝是否打开； ③ 确认电源处的电压开关在合适的位置
零流量或低流量	泵出现故障	更换泵
	滤膜堵塞	检查滤膜，必要时更换
噪声或不稳定的读数	流量和压力不稳定	确认仪器状态屏幕上的流量和压力读数是在可接受的范围内，并稳定
	温度	确认系统温度在可接受的范围内，并稳定
	校准	检查标气源
	臭氧发生器	更换臭氧发生器
标气浓度响应值极低	标气设定问题	按操作手册的校准步骤设定校准标气
	无流量	检查气路是否堵塞，参考低流量故障
	泄漏	稀释样气流漏气，造成低的标气读数和噪声
	反应室	确认滤光片的洁净程度
	钼炉	① 确认钼炉温度在 305～325 ℃； ② 确认钼炉的转化效率高于 96%； ③ 维修更换钼炉
零点漂移	活性炭饱和	更换活性炭
不稳定的流量或压力读数	反应室加热控制故障	反应室的温度应该在 50±5 ℃
响应时间很长	低流量	用流量计检查样气流量，应该在 0.6～0.7 slpm（STP），否则应更换限流孔或检漏

1.3.4.2　停电异常处理

来电后会自动恢复工作状态，无需处理。

1.3.4.3 其他

当污染物长时间低于三倍检出限时，应对分析仪开展低浓度的校准；个别环境空气质量较好的城市，可以适当调低量程。

1.4 臭 氧

1.4.1 方法原理

臭氧分析仪基本方法为紫外光度法。该法的工作原理是基于臭氧分子内部电子的共振对紫外光（波长 254 nm）的吸收，直接测定紫外光通过臭氧时减弱的程度就可计算出臭氧的浓度。紫外光照射于一个交替地充满样品气和充满零气的玻璃管吸收池，光通过零气吸收池时的光强和通过充满样品气吸收池时的光强可以得到一个光强比率，由朗伯比尔定律从光强的比率计算出臭氧浓度。

1.4.2 运行维护

1.4.2.1 维护内容

O_3 分析仪的运行维护主要有检查、更换和清洁三种方式，下面维护时间表 1-7 可根据具体情况略做调整。

表 1-7　O_3 分析仪维护一览表

序号	维护周期	维护方式	维护内容
1	每日	检查	检查仪器参数
2	每周	更换	更换过滤膜
3	每月	检查	检查泄漏
4	每年	更换	更换泵隔膜
5		清洁	清洁流量控制器
6		清洁	清洁机箱、管路、电路板、排风扇
7		检查	预防性检修
8	必要时	清洁	清洁吸收管
9		更换	更换紫外灯
10		更换	臭氧洗涤器

1.4.2.2 检查仪器参数

（1）查看分析仪是否处于正常采样状态。

（2）查看分析仪面板主要参数是否在正常范围。

（3）根据参数情况对分析仪进行相应处理。

（4）将检查结果填入表 kqzd-02。

1.4.2.3 检查泄漏

（1）调节分析仪面板至流量显示界面。

（2）断开分析仪后面板采样管。

（3）用堵头或手指堵住分析仪采样口并观察面板流量显示。

（4）根据显示流量的下降程度来判断分析仪气路是否泄漏。

（5）泄漏则沿着气路走向查找泄漏处并做相应处理。

（6）将检查结果填入表 kqzd-03。

1.4.2.4 清洁流量控制器

（1）关闭分析仪电源并移除机盖

（2）断开流量控制器连接管路并取下流量控制器

（3）用酒精对流量控制器组件进行清洗

（4）按正确顺序安装流量控制器

（5）重启分析仪，恢复正常采样状态。

（6）将操作记录填入表 kqzd-21。

1.4.2.5 清洁机箱、管路、电路板、排风扇

（1）关闭分析仪电源并移除机盖，拆卸管路、电路板、排风扇。

（2）用干净的湿布清洁分析仪外表面。

（3）用吸尘器清洁机箱内可接近区域。

（4）用压缩气吹扫管路、电路板、排风扇。

（5）重新安装管路、电路板、排风扇。

（6）重启分析仪，恢复正常采样状态。

（7）将操作记录填入表 kqzd-21。

1.4.2.6 清洁吸收管

（1）关闭分析仪电源并移除机盖。

（2）松开相应螺丝、气路、电路并取下吸收管。

（3）用去离子水或蒸馏水清洗吸收管。

（4）待吸收管干燥并检查 O 型圈是否密闭良好。

（5）重新安装吸收管并进行检漏。

（6）重启分析仪，恢复正常采样状态。

（7）将操作记录填入表 kqzd-21。

1.4.2.7　更换过滤膜

（1）打开采样过滤器并取下旧过滤膜。

（2）安装新过滤膜并拧紧采样过滤器。

（3）重启分析仪，恢复正常采样状态。

（4）将操作记录填入表 kqzd-21。

1.4.2.8　更换泵隔膜

（1）关闭分析仪电源并移除机盖。

（2）断开泵的电路连接和气路连接。

（3）拆卸泵并取出旧泵隔膜。

（4）安装新泵隔膜并重新组装泵，恢复电路和气路连接。

（5）重启分析仪，恢复正常采样状态。

（6）将操作记录填入表 kqzd-21。

1.4.2.9　更换紫外灯光源

（1）关闭分析仪电源并移除机盖。

（2）断开紫外灯的电路连接。

（3）拆卸旧紫外灯并安装新紫外灯。

（4）恢复紫外灯的电路连接。

（5）重启分析仪，恢复正常采样状态。

（6）将操作记录填入表 kqzd-21。

1.4.2.10　更换臭氧洗涤器

（1）关闭分析仪电源并移除机盖。

（2）断开参比洗涤器的气路连接。

（3）拆卸旧参比洗涤器并安装新参比洗涤器。

（4）恢复参比洗涤器的气路连接。

（5）重启分析仪，恢复正常采样状态。

（6）将操作记录填入表 kqzd-21。

1.4.2.11　预防性检修

（1）按设备使用和维护手册规定的要求，根据使用寿命更换监测设备中的紫外灯等关键零部件。

（2）对仪器电路各测试点进行测试与调整。

（3）对仪器进行气路检漏和流量检查。

（4）对光路、气路、电路板和各种接头及插座等进行检查和清洁处理。

（5）对仪器进行单点校准，并记录校准情况。

（6）对仪器进行多点校准，并记录校准情况。

（7）对仪器进行连续 24 h 的运行考核，在确认仪器工作正常后方可投入使用。

（8）填入表 kqzd-20。

1.4.3　测 试

1.4.3.1　测试内容

O_3 分析仪的测试主要有零点、跨度、流量、准确度、精密度、压力的测试以及多点校准。请按下面测试周期表 1-8 执行。

表 1-8　O_3 分析仪测试一览表

序号	测试周期	测试内容
1	每周	零点测试
2		跨度测试
4	每月	流量测试
6	每季度	准确度测试
7		精密度测试
8	每半年	多点校准
9	必要时	压力测试
10	仪器维修后	多点校准

1.4.3.2　流量检查/校准

（1）断开分析仪后面板采样管。

（2）连接流量计与分析仪采样口。

（3）查看流量计读数是否与面板显示一致，否则进行流量校准。

（4）查看流量计读数是否超过正常范围，否则进行气路检查。

（5）流量检查结束，分析仪恢复正常采样状态。

（6）将检查结果填入表 kqzd-03。

1.4.3.3　零点测试

（1）通常零点检查需要每天检查，因仪器性能、工作状态，零点检查频率可以相应调整，但至少每周进行一次。

（2）向分析仪器通入一定流量的零气，在仪器菜单选择校准模式，设为零点检查。

（3）等待分析仪器获得的读数稳定，通常需要 15 min 以上。

（4）读数稳定后对零点漂移进行判断，零点漂移超过国家规范规定范围必须对分析仪器进行零点校准。

（5）将测试结果填入表 kqzd-02。

1.4.3.4　跨度测试

（1）通常跨度检查需要每周进行一次，因仪器性能、工作状态，跨度检查频率可以相应调整，但至少每周进行一次。

（2）打开臭氧发生器，预热一段时间待仪器稳定。

（3）向分析仪器通入设定量程的 75%～90%浓度范围内的标准气，在仪器菜单选择校准模式，设为跨度检查。

（4）记录仪器响应值及响应时间，要求仪器响应值达到 95%目标标气浓度值时，其响应时间不超过 5 min。

（5）等待分析仪器获得的读数稳定，通常需要 15 min 以上。

（6）读数稳定后对跨度漂移进行判断，跨度漂移超过国家规范规定范围必须对分析仪器进行跨度校准。

（7）将测试结果填入表 kqzd-02。

1.4.3.5 多点校准

（1）确保动态校准仪性能完全符合要求（质量流量控制器准确度在±1％，

渗透室温度在±0.1 ℃，臭氧发生器准确度在± 2 %）。

（2）向分析仪分别通入该仪器满量程 0、15%、30%、45%、60%、75% 和 90%浓度值的标气，待各点读数稳定后分别记录各点的响应值。

（3）用最小二乘法绘制仪器校准曲线，其检验指标应该满足：相关系数（r）＞0.999；0.99≤斜率（b）≤1.01；截距（a）＜满量程±1%。

（4）若其中任何一项不满足指标要求，则需对监测分析仪器重新进行调整后，再次进行多点校准，直至取得满意的结果。

（5）将校准结果填入表 kqzd-15。

1.4.3.6 精密度检查

（1）向分析仪通入体积分数在 $8×10^{-6} \sim 10×10^{-6}$ 之间的一定浓度的标气，将仪器读数与标气实际浓度进行比较来确定仪器的精密度。

（2）精密度检查前，不能改动监测仪器的任何设置参数，若精密度检查连同仪器单点校准一起进行，则要求精密度检查必须在零单点校准前进行。

（3）精密度检查时需记录仪器的标准值和响应值。

（4）将检查结果填入表 kqzd-10。

1.4.3.7 准确度检查

（1）通入各个审核点的标气体积分数（仪器满量程）：1（0%）、2（20%F.S）、3（40%F.S.）、4（60%F.S.）、5（80%F.S.）。

（2）准确度检查前，不能改动监测仪器的任何设置参数，若准确度检查连同仪器单点校准一起进行，则要求准确度检查必须在零单点校准前进行。

（3）准确度检查时需记录仪器的标准值和响应值。

（4）将测试结果填入表 kqzd-11。

1.4.3.8　压力测试

（1）准备相应测定范围的压力传感器，臭氧分析仪压力范围通常比当前大气压稍低。

（2）关闭泵，断开仪器内部流量传感器入口管路，接入压力传感器。

（3）稳定 30 s，查看压力传感器读数是否与仪器显示读数一致。

（4）打开泵，待压力传感器读数稳定后，取决于泵的能力，此读数相对较低，查看压力传感器读数是否与仪器显示读数一致。

（5）将测试结果填入表 kqzd-02。

1.4.4　注意事项

1.4.4.1　停电异常处理

（1）停电当小时浓度值作为无效值处理。

（2）频繁停电后的设备需要进行参数检查和零标检查。

1.4.4.2　常见故障诊断

O_3分析仪常见故障诊断见表1-9。

表1-9　O_3分析仪常见故障诊断表

故障现象	故障原因	解决方案
无显示；仪器无反应	AC电源	① 确认电源线是否连接； ② 检查电源保险丝是否打开； ③ 确认电源处的电压开关在合适的位置
零流量或低流量	泵出现故障	更换泵
	滤膜堵塞	检查滤膜，必要时更换
噪声或不稳定的读数	紫外灯故障	调节紫外灯或更换紫外
标气浓度值极低	标气设定问题	按操作手册的校准步骤设定校准标气
	无流量	检查气路是否堵塞，参考低流量故障
	泄漏	稀释样气流漏气，造成低的标气读数和噪声
零点漂移	活性炭失效	更换活性炭
不稳定的流量或压力读数	反应室加热控制故障	反应室的温度应该在（50±5）℃
响应时间很长	低流量	用流量计检查样气流量，如果实际流量很低，应清洁或更换流量控制器
	漏气	执行检漏测试

1.4.4.3　其他

（1）需要定期进行量值溯源。

（2）注意臭氧参比阀的堵塞和臭氧洗涤器的失效。

（3）当污染物长时间低于三倍检出限时，应对分析仪开展低浓度的校准；个别城环境空气质量较好的城市，可以适当调低量程。

1.5　一氧化碳

1.5.1　方法原理

一氧化碳分析仪基本方法为气体滤波相关红外吸收法。该法是基于被测气体红外吸收光谱的结构与其他共存气体红外吸收光谱的结构进行相关比较，比较时使用高浓度的被测气体作为红外光的滤光器，在有其他干扰气体存在的情况下，比较样品气中被测气体红外吸收光谱。

1.5.2　运行维护

1.5.2.1　维护内容

CO 分析仪的运行维护主要有检查、更换和清洁三种方式，下面维护时间表 1-10 可根据具体情况略做调整。

表 1-10　CO 分析仪维护一览表

序号	维护周期	维护方式	维护内容
1	每日	检查	检查仪器参数
2	每周	更换	更换过滤膜
3	每月	检查	检查泄漏
4	每年	清洁	清洁流量控制器
5		清洁	清洁机箱、管路、电路板、排风扇
6		更换	更换泵隔膜
7		检查	预防性检修
8	有必要时	更换	更换红外灯

1.5.2.2　检查仪器参数

（1）查看分析仪是否处于正常采样状态。

（2）查看分析仪面板主要参数是否在正常范围。

（3）根据参数情况对分析仪进行相应处理。

（4）将检查结果填入表 kqzd-02。

1.5.2.3　检查泄漏

（1）调节分析仪面板至流量显示界面

（2）断开分析仪后面板采样管

（3）用堵头或手指堵住分析仪采样口并观察面板流量显示

（4）根据显示流量的下降程度来判断分析仪气路是否泄漏

（5）泄漏则沿着气路走向查找泄漏处并做相应处理

（6）将检查结果填入表 kqzd-03。

1.5.2.4　清洁流量控制器

（1）关闭分析仪电源并移除机盖。

（2）断开流量控制器连接管路并取下流量控制器。

（3）用酒精对流量控制器组件进行清洗。

（4）按正确顺序安装流量控制器。

（5）重启分析仪，恢复正常采样状态。

（6）将操作记录填入表 kqzd-21。

1.5.2.5　清洁机箱、管路、电路板、排风扇

（1）关闭分析仪电源并移除机盖，拆卸管路、电路板、排风扇。

（2）用干净的湿布清洁分析仪外表面。

（3）用吸尘器清洁机箱内可接近区域。

（4）用压缩气吹扫管路、电路板、排风扇。

（5）重新安装管路、电路板、排风扇。

（6）重启分析仪，恢复正常采样状态。

（7）将操作记录填入表 kqzd-21。

1.5.2.6　更换过滤膜

（1）打开采样过滤器并取下旧过滤膜。

（2）安装新过滤膜并拧紧采样过滤器。

（3）重启分析仪，恢复正常采样状态。

（4）将操作记录填入表 kqzd-21。

1.5.2.7　更换泵隔膜

（1）关闭分析仪电源并移除机盖。

（2）断开泵的电路连接和气路连接。

（3）拆卸泵并取出旧泵隔膜。

（4）安装新泵隔膜并重新组装泵，恢复电路和气路连接。

（5）重启分析仪，恢复正常采样状态。

（6）将操作记录填入表 kqzd-21。

1.5.2.8　更换红外灯光源

（1）关闭分析仪电源并移除机盖。

（2）断开红外灯的电路连接。

（3）拆卸旧红外灯并安装新红外灯。

（4）恢复红外灯的电路连接。

（5）重启分析仪，恢复正常采样状态。

（6）将操作记录填入表 kqzd-21。

1.5.2.9　预防性检修

（1）按设备使用和维护手册规定的要求，根据使用寿命更换监测设备中的关键零部件。

（2）对仪器电路各测试点进行测试与调整。

（3）对仪器进行气路检漏和流量检查。

（4）对光路、气路、电路板和各种接头及插座等进行检查和清洁处理。

（5）对仪器进行单点校准，并记录校准情况。

（6）对仪器进行多点校准，并记录校准情况。

（7）对仪器进行连续 24 h 的运行考核，在确认仪器工作正常后方可投入使用。

（8）填入表 kqzd-20。

1.5.3　测　试

1.5.3.1　测试内容

CO 分析仪的测试主要有零点、跨度、流量、准确度、精密度、压力的测试以及多点校准。请按下面测试周期表 1-11 执行。

表 1-11　CO 分析仪测试一览表

序号	测试周期	测试内容
1	每周	零点测试
2		跨度测试
4	每月	流量测试
6	每季度	准确度测试
7		精密度测试
8	每半年	多点校准
9	必要时	压力测试
10	仪器维修后	多点校准

1.5.3.2　流量检查/校准

（1）断开分析仪后面板采样管。

（2）连接流量计与分析仪采样口。

（3）查看流量计读数是否与面板显示一致，否则进行流量校准。

（4）查看流量计读数是否超过正常范围，否则进行气路检查。

（5）流量检查结束，分析仪恢复正常采样状态。

（6）将检查结果填入表 kqzd-03。

1.5.3.3　零点测试

（1）通常零点检查需要每天检查，因仪器性能、工作状态，零点检查频率可以相应调整，但至少每周进行一次。

（2）向分析仪器通入一定流量的零气，在仪器菜单选择校准模式，设为零点检查。

（3）等待分析仪器获得的读数稳定，通常需要 15 min 以上。

（4）读数稳定后对零点漂移进行判断，零点漂移超过国家规范规定范围必须对分析仪器进行零点校准。

（5）将测试结果填入表 kqzd-02。

1.5.3.4　跨度测试

（1）通常跨度检查需要每周进行一次，因仪器性能、工作状态，跨度检查频率可以相应调整，但至少每周进行一次。

（2）打开标准气钢瓶，调节减压阀使输出压力为 0.2 MPa。

（3）向分析仪器通入设定量程的 75% ~ 90%浓度范围内的标准气，在仪器菜单选择校准模式，设为跨度检查。

（4）记录仪器响应值及响应时间，要求仪器响应值达到 95%目标标气浓度值时，其响应时间不超过 5 min。

（5）等待分析仪器获得的读数稳定，通常需要 15 min 以上。

（6）读数稳定后对跨度漂移进行判断，跨度漂移超过国家规范规定范围必须对分析仪器进行跨度校准。

（7）将测试结果填入表 kqzd-02。

1.5.3.5　多点校准

（1）确保动态校准仪性能完全符合要求（质量流量控制器准确度在±1%，渗透室温度在±0.1 ℃）。

（2）向分析仪分别通入该仪器满量程 0、10%、30%、50%、70%和 90%浓度值的标气，待各点读数稳定后分别记录各点的响应值。

（3）用最小二乘法绘制仪器校准曲线，其检验指标应该满足：相关系数（r）>0.999；0.99≤斜率（b）≤1.01；截距（a）<满量程±1%。

（4）若其中任何一项不满足指标要求，则需对监测分析仪器重新进行调整后，再次进行多点校准，直至取得满意的结果。

（5）将校准结果填入表 kqzd-04。

1.5.3.6　精密度检查

（1）向分析仪通入体积分数在 $8×10^{-6}$ ~ $10×10^{-6}$ 之间的一定浓度的标气，将仪器读数与标气实际浓度进行比较来确定仪器的精密度。

（2）精密度检查前，不能改动监测仪器的任何设置参数，若精密度检查连同仪器单点校准一起进行，则要求精密度检查必须在零单点校准前进行。

（3）精密度检查时需记录仪器的标准值和响应值。

（4）将检查结果填入表 kqzd-10。

1.5.3.7　准确度检查

（1）通入各个审核点的标气体积分数（仪器满量程）：1（0%）、2（20%F.S）、3（40%F.S.）、4（60%F.S.）、5（80%F.S.）。

（2）准确度检查前，不能改动监测仪器的任何设置参数，若准确度检查连同仪器单点校准一起进行，则要求准确度检查必须在零单点校准前进行。

（3）准确度检查时需记录仪器的标准值和响应值。

（4）将测试结果填入表 kqzd-11。

1.5.3.8　压力测试

（1）准备相应测定范围的压力传感器，一氧化碳分析仪压力范围通常比当前大气压稍低。

（2）关闭泵，断开仪器内部流量传感器入口管路，接入压力传感器。

（3）稳定 30 s，查看压力传感器读数是否与仪器显示读数一致。

（4）打开泵，待压力传感器读数稳定后，取决于泵的能力，此读数相对较低，查看压力传感器读数是否与仪器显示读数一致。

（5）将测试结果填入表 kqzd-02。

1.5.4　注意事项

1.5.4.1　停电异常处理

（1）停电当小时浓度值作为无效值处理。

（2）频繁停电后的设备需要进行参数检查和零标检查。

1.5.4.2　常见故障诊断

CO 分析仪常见故障诊断见表 1-12。

表 1-12　CO 分析仪常见故障诊断表

故障现象	故障原因	解决方案
无显示；仪器无反应	AC 电源	① 确认电源线是否连接； ② 检查电源保险丝是否打开； ③ 确认电源处的电压开关在合适的位置
零流量或低流量	泵出现故障	更换泵
	滤膜堵塞	检查滤膜，必要时更换
噪声或不稳定的读数	红外灯故障	调节红外灯或更换红外灯

故障现象	故障原因	解决方案
标气浓度 值极低	标气设定问题	按操作手册的校准步骤设定校准标气
	无流量	检查气路是否堵塞，参考低流量故障
	泄漏	稀释样气流漏气，造成低的标气读数和噪声
零点漂移	CO剔除装置故障	更换CO剔除装置
不稳定的流量 或压力读数	反应室加热 控制故障	反应室的温度应该在（50±5）℃
响应时间很长	低流量	用流量计检查样气流量，如果实际流量很低，应清洁或更换流量控制器
	漏气	执行检漏测试

1.5.4.3　其他

（1）气体相关轮若未密封必须保持清洁。

（2）当污染物长时间低于三倍检出限时，应对分析仪开展低浓度的校准；个别环境空气质量较好的城市，可以适当调低量程。

1.6　颗粒物（β射线法）

1.6.1　方法原理

β射线法测定颗粒物的基本原理：利用β射线衰减量测试采样期间增加的颗粒物质量。当高能量的粒子由 C_{14} 发射出来，在碰到尘粒时，能量减退或粒子吸收，导致监测到的β粒子的数量减少，该减少量是由β发射源和监测β射线的探测器之间的吸收物质的质量决定的。吸收物质的质量与β射线衰减成正比，通过测量β射线衰减的大小来测定颗粒物浓度。

β射线法测定颗粒物系统主要由切割器（采样头）、采样抽气泵和监测分析仪主机组成。其中切割器是根据空气动力学原理设计，用于分离不同直径的颗粒物（ $PM_{10}/PM_{2.5}$ ）。

1.6.2 运行维护

1.6.2.1 维护内容

颗粒物分析仪的运行维护主要有检查、更换和清洁三种方式，下面维护时间表 1-13 可根据具体情况略做调整。

表 1-13 颗粒物分析仪维护一览表

序号	维护周期	维护方式	维护内容
1	每日	检查	检查仪器参数
2	每周	检查	采样管路、纸带、滤筒
3	每月	检查	仪器气密性
4		清洁	颗粒物采样头
5			分析仪排风扇及散热滤网
6	每年	更换	采样抽气泵炭片
8		清洁	采样管道及检漏
9	有必要时	更换	纸带、滤筒
10		清洁	内部管路与电路板
11		检查	动态加热系统
12		检查	盖革计数器

1.6.2.2 检查参数

（1）查看分析仪当前参数有无报警以及当前工作状态。

（2）如有参数报警，则排除报警或维修更换报警部件。

（3）将检查结果和处置方式填入表 kqzd-09。

1.6.2.3 检查采样管路、滤筒、纸带

（1）查看采样管路是否损坏泄漏、加热装置是否工作正常、有无结露或脏污，出现以上情况应及时处理。

（2）观察滤筒是否破损泄漏、滤筒滤膜颜色变化（部分品牌的颗粒物监测分析仪含此装置）。

（3）观察纸带使用情况，采样斑点有无缺陷、是否出现水渍或斑点边缘模糊等情况。

（4）操作记录填入 kqzd-01。

1.6.2.4　更换滤筒、纸带

（1）更换滤筒时，注意滤筒上箭头方向与气体前进方向一致，切不可倒置；滤筒与管路的连接紧密不得漏气（部分品牌的颗粒物监测分析仪含此装置）。

（2）更换纸带时，注意纸带毛面向上和纸带安装顺序，固定纸带的螺丝松紧适宜。更换完毕可手动操作纸带前进，观察纸带走纸情况，出现异常加以调整。

（3）将操作记录填入表 kqzd-21。

1.6.2.5　检查仪器气密性

（1）检查前注意查看抽气泵的使用效率（部分品牌仪器可查看）。

（2）气密性检查时堵塞分析仪器进气口，在抽气泵正常运行时仪器显示流量不大于 1.5 L/min，反之需排查和解决泄漏原因，并重新开始新一轮气密性检查直至通过检查。

（3）填入表 kqzd-03。

1.6.2.6　清洁 PM_{10} 和 $PM_{2.5}$ 采样头

（1）固定在采样头进口前管上的集水瓶至少每 5 个采样日检查一次看是否水满。检查时倒掉收集瓶的水，确认收集瓶的密封性良好。

（2）用钢笔或铅笔将每个部件做好标记以便于重新安装。

（3）用棉布或压缩空气清洁内表面和滤网，注意别损坏里面部件。用棉花团或小的棉刷最好。吹干（晾干）所有部件。每月检查 O 圈损坏情况，如需要则更换。重新组装时给 O 圈抹点 O 圈油。

（4） $PM_{2.5}$ 的采样头在 PM_{10} 采样头的基础上添加了锐切气旋分离器，清洗时拆开上下两部分，用干净的脱脂布或棉布擦干净。清洗干净以后吹干（晾干）。

（5）重新组装采样头，确认 O 圈位置良好，螺丝上紧。

（6）将操作记录填入表 kqzd-03。

1.6.2.7　清洁分析仪散热滤网

（1）从风扇上拆下两面的扇盖，拆下散热滤网。

（2）用温水冲洗散热滤网，并使其干燥（使用清洁、无油的空气吹风能加速其干燥），或者使用压缩空气将散热滤网吹拂干净。

（3）重新装上散热滤网和扇盖。

（4）将操作记录填入表 kqzd-21。

1.6.2.8　更换采样泵炭片

（1）颗粒物采样抽气泵一般采用离心炭片泵，炭片由于长时间运行而磨损。

（2）更换采样泵炭片必须在户外，错误的操作可能会使碳颗粒进入空气中造成附近的电子设备短路损坏，并确保没有其他人意外上电。

（3）拆除消音器室、清音隔膜和隔离圈压盖。可用一软气管吹掉轮叶上的碳尘。注意：在碳尘空气中屏住呼吸，戴一有效的颗粒过滤器或口罩。安装新的炭刮片轮叶时，注意倾斜的一面向外。

（4）更换完毕后，按拆的顺序反向装好。

（5）将操作记录填入表 kqzd-21。

1.6.2.9　清洗采样管道、检漏

（1）取下采样头，断开分析仪与采样管道的连接。

（2）断开采样管道温湿度传感器与分析仪器接口的连接，卸下采样管道，注意不要损坏隔热保护套（膜）。

（3）用细长杆一头固定棉布或毛刷，沾水插入采样管道内壁，反复清洗。

（4）清洗完毕，晾干或用电吹风吹干。

（5）采样管道检漏：将采样管道上的一边接口接上真空表或压力计，另一边接口接真空泵，然后抽真空至大约 1.25 hPa，将抽气口封死，使整个采样管道不与外界相通，15 min 内真空度不应有变化。

（6）安装采样管道，注意采样管应垂直，与分析仪器接口连接紧密不得漏气，正确连接温湿度传感器。

（7）将操作记录填入表 kqzd-06。

1.6.2.10　清洁内部管路与电路板

（1）认真查看内部管路是否有明显的可见缺陷，比如连接器松动、接头松动、管线出现裂纹或堵塞、灰尘或污垢聚集过多等。

（2）灰尘和污垢在仪器中聚集时会产生过热现象或使零部件失效。零部件上的污垢会阻碍有效散热，可能会导电。清洁仪器内部的最好方法是：首先用真空吸尘器仔细打扫所有可接近的区域，然后用低压压缩气将剩余的污垢吹干净，用软漆刷或布将坚硬的污垢清除。

（3）将操作记录填入表 kqzd-21。

1.6.2.11 检查动态加热系统

（1）动态加热系统用一套加热装置调整湿度。加热装置有一个能直接测量采样口湿度的传感器，对颗粒物的监测采用加热电阻丝缠绕采样管道加热，加热温度为 30～50 ℃，湿度 35%以下。

（2）动态加热系统仅在需要时才加热，这样既能有效消除湿气又保留了挥发性颗粒物，保证了测量的准确性。

（3）平时注意观察加热效率和温度控制，动态加热系统的温湿度计传感器可通过标准传递来进行校准。

（4）具体检查方法参见 1.6.3.4。

（5）填入表 kqzd-06。

1.6.2.12 检查盖革计数器

（1）分析仪器正常运行时，长时段出现异常值、离群值，在确认采样流量、温度和压力等参数无报警的情况下，可检查盖革计数器是否出现异常。

（2）分析仪器每次更换纸带后，零点找寻时间过长，或长时间出现相同值，这说明盖革计数器不稳定或已损坏，需及时更换部件或备机。（咨询厂家）

1.6.3 测试

1.6.3.1 测试内容

颗粒物分析仪测试主要有检查、校准采样流量，校准标准膜片，校准温湿度、压力。请按下面测试周期表执行 1-14。

表 1-14 颗粒物分析仪测试一览表

序号	测试周期	测试内容
1	每月	检查、校准采样流量
2	每季度	校准标准膜片
3	每年	校准温湿度、压力

1.6.3.2 检查、校准采样流量

对于用纸带测量环境空气质量浓度的方法，精确测量流速才能确保尘质

量浓度的精度。测试步骤：

（1）卸下采样头，用检定有效的流量计连接采样管道入口。

（2）确保流量计的入口压力为大气压，查看标准流量计的工况流量读数是否与仪器显示读数一致。

（3）记录流量计实测值与分析仪器流量显示值，计算实测流量与仪器显示流量之间的相对误差，小于等于±5%时仪器采样流量是为流量检查合格；当仪器读数（工作标准）与流量计实测值（传递标准）的误差超过±5%时，需要对流量进行校准（注：部分颗粒物分析仪对采样流量校准前，必须先进行流量零点校准，校准之前，必须切断泵的连接或手动操作停止泵的运行）。

（4）流量检查、校准结果填表 kqzd-09。

1.6.3.3　标准膜片校准

（1）在每次更换纸带时或在仪器进行维修以后应进行。

（2）正常情况下检查结果与标准膜的初始值相差应小于±2%。

（3）标准膜片校准时一般都按仪器操作提示步骤一一进行，需要根据分析仪的量程选择合适的标准膜，校准前输入使用的标准膜片值，记录校准前系数；校准结束后记录新系数并保存。

（4）标准膜片校准结果填表 kqzd-12。

1.6.3.4　采样气体的温度、湿度和压力

（1）用计量部门检定有效期内温湿度计和压力计进行标准传递。

（2）可直接与各对应的分析仪传感器测放置同一位置试相同条件下的环境空气的温湿度和压力。

（3）实测温度与仪器显示温度相差不大于±2 ℃，实测气压与仪器显示气压相差不大于±6 mmHg，反之须进行标准传递。

（4）传递结果记录填表 kqzd-13。

1.6.4　注意事项

1.6.4.1　停电异常处理

（1）颗粒物监测仪器断电后重新来电一般都会自动重启。长期停用或数据存储电池老化的机子在无故障的情况下，需要手动协助。

（2）重启后，仪器自动走纸找寻零点，此时的数据是来电恢复的数据，属无效数据应予以剔除。

（3）注意：零点计数器由于仪器品牌和仪器性能的不同稳定时间也不相同，有时需稳定 0.5 ~ 4 h。

（4）部分品牌监测仪器来电重启会出现机箱温度、气体流量、光浊度电压等参数报警，大约 10 ~ 25 min 后消失。

1.6.4.2　常见故障诊断

颗粒物分析仪常见故障诊断见表 1-15。

表 1-15　颗粒物分析仪常见故障诊断表

故障表现	可能原因	故障排除措施
未能启动	电源未接通 电源供应 开关损坏或导线连接出现故障	检查仪器是否接通正确的电源 检查仪器保险丝 用数字万用表检查主板电源供应 拔出电源线，断开开关，用万用表检查操作
纸带不能自动更换	卷轴螺母不紧 纸带断裂 滤带用完 光学滤带计数器缺陷 滤带传输驱动电机缺陷 泵停止工作	拧紧卷轴螺母 更换纸带 更换新纸带 更换光学滤带运输传感器 更换电机 检查泵的电源和电线
分析仪校准不正确	系统漏气 压力或温度未校准 数字电路缺陷	查找并修复泄漏 重新校准压力或温度变送器 更换备用板
流量报警	流量低 无流量	检查泵 查看电磁阀是否处于关闭状态 查看流量控制阀管路 查看连接测量接口板电缆
PM 浓度报警	无浓度 浓度报警设置	检查加热器和 Beta 计数器 检查浓度报警设置值

1.6.4.3　其他

样品采集：由采样入口、切割器和采样管道组成，将环境空气颗粒物进行切割分离，将目标颗粒物输送到样品测量单元。监测点位、采样口位置、采样切割头、采样管道的安装和使用材料及加热装置必须符合自动监测规范要求。

远程控制：通过数采仪的串口与监测仪器实现远程控制，或通过具有TCP/IP 功能的监测仪器直接实现远程控制。通过远程控制可以实现仪器状态参数查询和仪器控制等操作。串口控制时须明确采用的交叉线接口类型、串口号（当前连接的数采仪串口）、波特率（1 200 ~ 115 200）、校验位、数据位、奇偶和停止位，明确各种仪器操作命令（查看说明书）；TCP/IP 网络控制须设置监测仪器的 IP 地址，安装对应的远程控制软件。

倒挂处理：长时间出现低浓度或者发生倒挂时，应对分析仪开展校准并提高质控频次，若现象依然存在，应对仪器进行全面检查。

1.7　动态校准仪

1.7.1　方法原理

动态校准仪用两个可控制的质量流量计调整标气与零气配比输出不同浓度的标准气体，一般动态校准仪可接 3 ~ 4 种钢瓶标准气体，对相应各个类型的监测仪器进行校准，动态校准仪主要由质量流量控制器、控制电磁阀、压力调节器、渗透炉、臭氧发生器和光度计等部件组成。配有渗透炉、臭氧发生器和光度计的动态校准仪可输出规定浓度的臭氧，并可将一氧化氮定量转为二氧化氮用于检查钼转换率。

1.7.2　运行维护

1.7.2.1　维护内容

动态校准仪的运行维护主要有检查、更换和清洁三种方式，下面维护时间表 1-16 可根据具体情况略做调整。

表 1-16　动态校准仪维护一览表

序号	维护周期	维护方式	维护内容
1	每周	检查	检查仪器参数
2			检查风扇滤网
3			检查进出气路
4	每月	清洁	清洁风扇滤网
5	每半年	检查	检查仪器气密性
6			检查流量
7		清洁	清洁机箱内部
8	有必要时	更换	更换气体设置

1.7.2.2　检查仪器参数

（1）检查动态校准仪在输出标气、零气时，板面显示的流量、压力、浓度是否稳定。

（2）各参数是否在范围内。

（3）有无报警信息。

（4）有没有异味和杂音。

（5）将检查结果填入表 kqzd-01。

1.7.2.3　检查风扇滤网

（1）观察风扇过滤网上是否积有灰尘。

（2）积尘较多时应清洁。

（3）将检查结果填入表 kqzd-01。

1.7.2.4　检查进出气路

（1）检查进出气路接头是否松动。

（2）检查气管路是否清洁干燥通畅，是否有颗粒物和水分沉积。

（3）检查管线是否有裂纹。

（4）若发现管路结露或脏污，必须进行清洁、干燥或更换。

（5）将检查结果填入表 kqzd-01。

1.7.2.5　清洁风扇滤网

（1）拆下风扇滤网（过滤器）固定盖，取下滤网。

（2）用温水冲洗滤网使其干燥，也可用吹风机或压缩空气将滤网吹净。

（3）重新装上滤网和固定盖。

（4）将清洁结果填入表 kqzd-01。

1.7.2.6　检查仪器气密性

（1）根据仪器使用说明连接气路，堵住出气口。

（2）启动零气输出，根据显示压力来判断分析仪气路是否泄漏，或直接开启机箱，查检机箱内是否有气流来判断是否泄漏。

（3）或运行检漏程序，待程序运行完毕，显示检漏是否通过。

（4）填入 kqzd-06。

1.7.2.7　流量检查

（1）打开机箱。

（2）在控制零气、标准气和臭氧的质量流量计出口外接在检定有效期内的标准流量计。

（3）检查动态校准仪显示流量与标准流量计显示的流量值误差是否在规定的范围内。

（4）将检查结果填入表 kqzd-14。

1.7.2.8　清洁机箱内部

（1）关闭分析仪电源并移除机盖。

（2）用吸尘器仔细打扫所有可接近的区域，注意不要碰触任何物件。

（3）用软刷或布将附着的污垢清除。

（4）然后用低压压缩空气（可使用零气）将机箱内吹干净。

（5）重启仪器，恢复正常工作状态。

（6）将清洁结果填入表 kqzd-21。

1.7.2.9　更换标气设置

（1）更换了用于校准的标准钢瓶气后。

（2）进入仪器标气设置界面。

（3）根据钢瓶气接口设置标气输出通道应与实际的管路对应。

（4）输入对应气体的新标准钢瓶气证书中的浓度值。

（5）将设置结果填入表 kqzd-21。

1.7.3 测 试

1.7.3.1 测试内容

动态校准仪测试主要有流量控制器校准、压力传感器校准、臭氧发生器校准。请按下面测试周期表执行 1-17。

表 1-17 动态校准仪测试一览表

序号	测试周期	测试方式	测试内容
1			流量控制器校准
2	每半年或维修后	校准	压力传感器校准
3			臭氧发生器校准

1.7.3.2 质量流量控制器校准

（1）流量控制器校准需要校准零气 MFC、标气 MFC 和臭氧 MFC。

（2）零气 MFC 需要校准 0～10 L 的 10 个流量校准点；标气 MFC 需要校准 0～100 mL 的 10 个流量校准点；臭氧 MFC 需要校准 0～100 mL 的 6 个流量校准点。

（3）在需要校准的 MFC 气体出口外接标准流量计，进入对应的流量校准界面，开始校准。

（4）在相应的流量校准点记录测试的流量、温度和压力。

（5）利用流量校准点生成 2 次多项式的相关系数。

（6）在仪器中输入所需要的系数值并采用。

（7）再次重复步骤（2）～（5），检查与真实之间的偏差（不超过 5%），将结果记录在表 kqzd-14。

1.7.3.3 压力传感器校准

（1）压力传感器包括零气压力传感器、标气压力传感器、臭氧压力传感器和光度计压力传感器，四个压力传感器校准方法相同。

（2）在压力传感器的气路上外接三通阀和标准测压表。

（3）进入压力传感器校准界面，执行压力校准，根据提示输入外接标准测压表所测压力。

（4）确认校准过程。

（5）将校准结果记录在表 kqzd-20。

1.7.3.4 臭氧发生器校准

（1）臭氧发生器校准可用于进行臭氧量值传递。

（2）将经过量值传递的臭氧校准仪连接到动态校准仪。

（3）进入预热后的臭氧校准仪校准界面，启动校准，要求设置 6 个浓度校准点，待臭氧浓度值稳定后，记录动态校准仪输出的臭氧浓度值和臭氧零气流量，将校准结果记录在表 kqzd-15。

（4）生成 2 次多项式的相关系数，在仪器中输入所需要的系数值并采用。

（5）再次重复步骤（2）~（4），检查与真实之间的偏差（不超过 5%）通过校准。

1.7.4 注意事项

1.7.4.1 停电异常处理

一般情况下，短暂停电后的动态校准仪通过自检，即可进入正常工作状况。长时间停电启动后应预热 15 min，用于臭氧校准应预热 30 min。

1.7.4.2 常见故障诊断

动态校准仪常见故障诊断见表 1-18。

表 1-18　动态校准仪常见故障诊断表

故障现象	可能原因	故障排除措施
不能启动	电源未连接 保险丝断 仪器电源损坏	检查仪器是否接连接电源 检查电源电压 检查保险丝 检查更换电源
流量不稳定	泄漏 流量控制器故障	检漏至合格 检查更换流量控制器
输出流量与测量结果不一致	泄漏 流量控制器未校准	检漏至合格 校准流量控制器
臭氧测量偏差大	泄漏 零气流量不稳定 臭氧发生器未校准	检漏至合格 检查零气发生器、校准流量控制器 校准臭氧发生器
机箱温度过高	风扇有故障 风扇过滤网阻塞	检查散热风扇电源，更换风扇 清洁过滤网

1.8 零气发生器

1.8.1 方法原理

空气通过空气压缩机压缩后，经冷却过滤将水分去除，在反应室内通过催化氧化将 CO、HC 及甲烷氧化成水和 CO_2 后除掉，通过氧化剂将 NO 氧化为 NO_2，用活性炭吸附除去 NO_2、O_3、SO_2、H_2S、NH_3，经末级过滤除颗粒物后为监测系统提供无待测物和干扰物的零气。

1.8.2 运行维护

1.8.2.1 维护内容

零气发生器的维护主要包含检查、清洁、更换三个部分。各项维护内容应严格按照相关要求及规范进行（见表 1-19）。

表 1-19 零气发生器维护一览表

序号	维护周期	维护方式	维护内容
1	每周	检查	检查空压机
2	每月	清洁	清洁风扇滤网
3	每半年	更换	更换活性炭过滤器
4			更换 Purafil 过滤器
5	每年	清洁	清洁机箱内部
6		更换	更换颗粒物过滤器
7			更换催化剂

1.8.2.2 检查空压机

（1）打开空压机储气罐放水阀放掉枓水。

（2）部分系统上电时可自动排水，可将电源断开后重新上电，观察电子排水阀是否能执行正常排水功能。

（3）观察空压机在运行时能否保持一定的压力，是否能正常地起动和停止。

（4）将校准结果记录在表 kqzd-01。

1.8.2.3　清洁风扇滤网

（1）拆下风扇滤网（过滤器）固定盖，取下滤网。

（2）用温水冲洗滤网使其干燥，也可用吹风机或压缩空气将滤网吹净。

（3）重新装上滤网和固定盖。

（4）将清洁结果填入表 kqzd-01。

1.8.2.4　更换活性炭过滤器

（1）关闭空压机出口阀门。

（2）待零气发生器前面板上压力表降至 0 后，关闭零气发生器电源。

（3）将后面板上固定的活性炭过滤器取下。

（4）更换上新的活性炭过滤器。

（5）连接好气路，接通电源，打开空气机出口阀门。

（6）将更换结果填入表 kqzd-06。

1.8.2.5　更换 Purafil 过滤器

（1）当 Purafil 氧化剂有 80% 的紫色变为棕黄色时，需要更换该氧化剂。

（2）关闭空压机出口阀门。

（3）待零气发生器前面板上压力表降至 0 后，关闭零气发生器电源。

（4）将后面板上固定的 Purafil 氧化剂过滤器取下。

（5）更换上新的 Purafil 氧化剂过滤器。

（6）连接好气路，接通电源，打开空气机出口阀门。

（7）将更换结果填入表 kqzd-06。

1.8.2.6　清洁机箱内部

（1）关闭分析仪电源并移除机盖。

（2）用吸尘器仔细打扫所有可接近的区域，注意不要碰触任何物件。

（3）用软刷或布将附着的污垢清除。

（4）然后用低压压缩空气（可使用零气）将机箱内吹干净。

（5）重启仪器，恢复正常工作状态。

（6）将清洁结果填入表 kqzd-06。

1.8.2.7　更换颗粒物过滤器

（1）关闭空压机出口阀门。

（2）待零气发生器前面板上压力表降至 0 后，关闭零气发生器电源。

（3）打开零气发生器后面板，更换颗粒物过滤器。

（4）安好后面板，接通电源，打开空气机出口阀门。

（5）将更换结果填入表 kqzd-06。

1.8.2.8　更换催化剂

（1）为防止催化剂污染或中毒，每 1～2 年更换催化剂。

（2）关闭空压机出口阀门。

（3）待零气发生器前面板上压力表降至 0 后，关闭零气发生器电源。

（4）打开零气发生器上面板，找到反应室位置。

（5）待反应室冷却 30 min 后，打开反应室上盖，将保温棉取出。

（6）取出反应器，更换上新的反应器，将保温棉重新填装上。

（7）装好反应室上盖，盖上零气发生器上面板，接通电源，打开空气机出口阀门。

（8）将更换结果填入表 kqzd-06。

1.8.3　注意事项

1.8.3.1　停电异常处理

一般情况下，停电不影响零气发生器工作，开机即可正常工作。

1.8.3.2　常见故障诊断

零气发生器常见故障诊断见表 1-20。

表 1-20　零气发生器常见故障诊断表

故障现象	可能原因	故障排除措施
不能启动	电源未连接 保险丝断 仪器电源损坏	检查仪器是否接连接电源 检查电源电压 检查保险丝 检查更换电源
压缩机不启动	储气罐压力过高 进气口堵塞 压力开关	检压力是否随气体使用降低 检查更换流量控制器 检查压力开关是否损坏

故障现象	可能原因	故障排除措施
流量较低时压缩机一直运行	压力开关设置过高 泄漏	检查调整压力开关 检漏
气体出口压力不足	气体出口流量过大 压缩机进气口堵塞 泄漏	减小出口流量 清洁压缩机进气口 检漏

1.9 气态污染物采样系统

1.9.1 多支路集中采样装置

多支路集中采样装置有两种组成形式：垂直层流式采样总管和竹节式采样总管。

1.9.2 运行维护

1.9.2.1 维护内容

气态污染物日常运行维护主要有检查、清洁、测试、更换。下面维护时间表 1-21 课根据具体情况略作调整。

表 1-21　气态污染物日常运行维护项目及频率

序号	诊断周期	诊断方式	测试内容
1	每周	检查	采样头、采样总管、支路及加热装置
2	每半年	清洁	竹节式采样总管
3	每年	清洁	垂直层流式采样总管
4	清洗采样总管后	测试	采样总管检漏
5	实际情况	更换	抽气扇

1.9.2.2 检查采样头、采样总管、支路及加热装置

（1）采样头：设置在总管户外的采样气体入口端，防止雨水和粗大的颗

粒物落入总管，同时避免鸟类、小动物和大型昆虫进入总管。采样头的设计应保证采样气流不受风向影响，稳定进入采样总管。

（2）采样总管：气态污染物采样总管竖直安装，总管内径选择在 1.5 ~ 15 cm 之间，采样总管内的气流应保持层流状态，采样气体在总管内的滞留时间应小于 20 s。总管进口至抽气风机出口之间的压降要小，所采集气体样品的压力应接近大气压。

（3）采样支管：支管接头应设置于采样总管的层流区域内，各支管接头之间间隔距离大于 8 cm。定期检查采样支管接口是否松动、防止管路堵塞、脏污、结露或破损，出现以上情况及时清洁或更换。

（4）加热装置：每周查看加热装置是否正常工作，加热温度一般控制在 30 ~ 50 ℃。

（5）填入表 kqzd-01。

1.9.2.3　清洗采样总管

（1）取下采样头，断开分析仪与采样支管的连接。
（2）用细长杆一头固定棉布或毛刷，沾水插入采样管道内壁，反复清洗。
（3）清洗完毕，晾干或用电吹风吹干。
（4）每次采样总管清洗完后，都应做检漏测试，确保采样总管工作正常。
（5）将清洁操作填入 kqzd-06。

1.9.2.4　采样总管检漏

采样总管系统检漏测试方法为：

将总管上的一个支路接头接上真空表或压力计，另一个接口接真空泵，将其他支路接头和采样口封死，然后抽真空至大约 1.25 hPa，将抽气口封死，使整个采样系统不与外界环境相通，15 min 内真空度不应有变化。采样总管内的真空度小于等于 0.64 hPa。

将记录填入 kqzd-06。

1.9.2.5　更换抽气扇

（1）断开电源，取下损坏或效率低的抽气扇。
（2）换上新抽气扇，安装时注意抽气扇上箭头指向的方向与采样总管抽气方向一致（指向室外）。

（3）密封抽气扇与采样总管之间的接口，不得漏气。

（4）接上电源，观察抽气扇的运行无异常可视为正常更换完毕。

（5）填入表 kqzd-21。

1.9.3　注意事项

（1）监测仪器与支管接头连接的管线长度不能超过 3 m，同时应避免空调机的出风直接吹向采样总管和与仪器连接的支管线路。

（2）在监测仪器管线与支管接头连接时，为防止结露水流和管壁气流波动的影响，应将管线与支管连接端伸向总管接近中心的位置，然后再做固定。

（3）在不使用采样总管时，可直接用管线采样，但是采样管线应选用不与被监测污染物发生化学反应和不释放有干扰物质的材料，采样气体滞留在采样管线内的时间应小于 20 s。

（4）采样装置抽气风机排气口和监测仪器排气口的位置，应设置在靠近站房下部的墙壁上，排气口离站房内地面的距离应保持在 20 cm 以上。

（5）监测仪器与支管接头连接的管线也应选用不与被监测污染物发生化学反应和不释放有干扰物质的材料。

1.10　差分吸收光谱分析法空气质量连续监测系统（SO_2、NO_2 和 O_3）

1.10.1　方法原理

采用差分吸收光谱分析法（DOAS，即为 Differential Optical Absorption Spectroscopy）。该法的原理是物质中的分子对光有着特殊的吸收特性，而气体中不同的物质对应其吸收光谱的特性有所不同。因此，每种气体都具有自己独特的吸收光谱，因此在一束通过环境空气的特定波段（紫外至可见）光中，可同时得到多种气体的特征吸收光谱，吸收光谱强度与气体浓度符合朗伯比尔定律。对每种气体的特征吸收光谱用计算机进行浓度反演分析和数据处理，可快速得到所监测污染物（如 SO_2、NO_2、O_3 和苯系物等）的实时浓度。

1.10.2 运行维护

1.10.2.1 维护内容

差分吸收光谱分析法空气质量连续监测系统的日常维护是通过远程监控与现场操作结合的方式来实现的，通过查看仪器的参数来初步判断仪器是否处于正常运行状态，如有故障，可立即排除。此外，通过对仪器的定期清洁与维护、更换出现故障的设备，保证仪器的正常运行（见表1-22）。

表 1-22　差分吸收光谱分析法空气质量连续监测系统维护一览表

序号	维护周期	维护方式	维护内容
1	每日	检查	仪器参数
2	每周		光谱信号检查
3			氙灯风扇运转情况
4	每月	清洁	前窗镜
5			工控机、光谱仪、气象参数接收机
7			角反射镜
8	每年	检查	预防性检修
9	必要时	更换	氙灯及氙灯电源

1.10.2.2 检查光谱信号及仪器参数

（1）监测光路光强检查

在外光测量状态时，检查实时测量时外光采集光强是否达到要求。

（2）校准光强检查

在内光状态下查看光强，要求内光状态下，检查相应积分时间所对应的采集光强能否达到要求。

（3）光谱通道位置要求

检查一次光谱通道位置，其通道偏移量请查阅相关说明书。（不同光栅单色仪通道位置要求不一样，实际通道位置参考使用说明书。）

（4）将检查结果填入表 kqzd 16。

1.10.2.3 检查参数

（1）查看工控机软件是否处于正常运行状态。

（2）查看工控机软件主要参数是否在正常范围。

（3）根据参数情况对分析仪进行相应处理。

（4）将检查结果填入 kqzd-22。

1.10.2.4　检查工控机运行状态

（1）通过省站的空气质量实时数据发布平台查看各子站的数据情况，初步判定各子站的工控机运行状态。

（2）发现数据缺失的子站，可通过远程控制软件查看工控机的运行状态，并解决问题。

（3）将检查结果填入表 kqzd-16。

1.10.2.5　检查氙灯风扇运转情况

检查氙灯风扇的运行情况，将检查结果填入表 kqzd-16。

1.10.2.6　清洁工控机、光谱仪、气象参数接收机

（1）关闭工控机、光谱仪、气象参数接收机电源。

（2）用干净的湿布清洁工控机、光谱仪、气象参数接收机外表面。

（3）用吸尘器清洁机箱内可接近区域（对磁盘进行扫描，清扫主板、风扇、机箱过滤网等）。

（4）重启工控机、光谱仪、气象参数接收机，恢复正常采样状态。

（5）将清洁记录填入表 kqzd-21。

1.10.2.7　清洁望远镜及反光镜

（1）关闭氙灯电源，拔掉电源线（需断电操作）。

（2）用干净的湿布清洁望远镜外表面（氙灯工作时温度很高，在清洁氙灯外壳时，防止高温烫伤）。

（3）用酒精擦洗望远镜前窗玻璃表面及反光镜。

（4）重启氙灯电源，恢复正常采样状态。

（5）将清洁记录填入表 kqzd-21。

1.10.2.8　预防性检修

（1）按设备使用和维护手册规定的要求，根据使用寿命更换监测设备中的关键零部件（氙灯、氙灯电源、汞灯和望远镜控制盒）。

（2）检查望远镜内的挡光板是否能转动到位，反光镜是否能到正常反光，

汞灯是否能够正常升降。

（3）对仪器电路各测试点进行测试与调整。

（4）对光路、气路、电路板和各种接头及插座等进行检查和清洁处理。

（5）对仪器进行单点校准，并记录校准情况。

（6）对仪器进行多点校准，并记录校准情况。

（7）对仪器进行连续 24 h 的运行考核，在确认仪器工作正常后方可投入使用。

（8）填入表 kqzd-20

1.10.2.9 更换氙灯

（1）关闭氙灯电源，拔掉电源线（需断电操作）。

（2）打开氙灯外壳，更换氙灯。

（3）打开氙灯电源，恢复正常采样状态。

（4）将更换记录填入表 kqzd-21。

1.10.2.10 更换氙灯电源

（1）关闭氙灯电源，拔掉电源线（需断电操作）。

（2）断开氙灯电源与氙灯的连接线。

（3）将新的氙灯电源与氙灯连接好（连接线不要接错）。

（4）接通电源，打开氙灯电源，恢复正常采样状态。

（5）将更换记录填入表 kqzd-21。

1.10.3 测试

1.10.3.1 测试内容

定期对仪器的零点、跨度、准确度及精密度等进行测试，以此来判断监测仪器是否发生漂移，并对仪器进行维护和校准，保证监测数据的真实性和准确性（见表 1-23）。

表 1-23 差分吸收光谱分析法空气质量连续监测系统测试一览表

序号	测试周期	测试方式	测试内容
1	每季度	测试	零点测试
2			跨度测试

序号	测试周期	测试方式	测试内容
3	每季度	质控	准确度测试
4			精密度测试
5	每半年	质控	多点校准测试
6	仪器维修后	质控	多点校准测试

1.10.3.2 零点测试

（1）调节光强，使内、外光光强大概一致，用内光测定零点。

（2）按照图 1-1 将标气、零气发生器、动态校准仪和监测仪连接，将标气池放入望远镜卡槽内部。

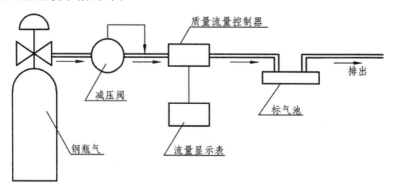

图 1-1　仪器连接示意图

（3）打开零气发生器（零气发生器压力调整为 30PSI）和动态校准仪（注意设置动态校准仪的气体种类和浓度），监测仪测定出的 SO_2、NO_2 和 O_3 值即为零点值，待读数工控机软件显示的值稳定后，查看零点是否漂移。

（4）将测试结果填入表 kqzd-16。

1.10.3.3 跨度测试

步骤（1）（2）和（3）同零点检查。

（4）打开标气瓶开关，在动态校准仪操作界面上将待监测设置为相应的气体（例如检查 SO_2 的跨度时，气体类型设置为 SO_2），将浓度设置为 400 ppm（等效浓度为 400 ppb），然后进行测定。

（5）点击监测软件界面上的样气标定按钮，调出样气标定子窗口，将温度、气压、测量光程、样品池长度、气体种类和标气浓度，点击计算，即可得出等效浓度。

（6）待仪器监测出的气体浓度值稳定后，比较实测浓度与等效浓度是否满足国家技术规范。

（7）将测试结果填入表 kqzd-16。

1.10.3.4　多点校准

步骤（1）（2）和（3）同零点检查。

（4）向样品池分别通入满量程的 10%、30%、50%、70%、90%浓度的标气，对监测仪进行多点校准，并通过样气标定按钮下的多点标定的计算功能计算出实测浓度与通入标气浓度二者之间的相关系数。

（5）将测试结果填入表 kqzd-17。

1.10.3.5　精密度测试

（1）向分析仪通入体积分数在 $8 \times 10^{-6} \sim 10 \times 10^{-6}$ 之间的一定浓度的标气，记录响应时间待仪器稳定后，将仪器读数与标气实际浓度进行比较从而确定仪器的精密度。

（2）精密度测试前不能改动监测仪器的任何设置参数，若精密度测试连同仪器零/跨调节一起进行，则要求精密度测试必须在零/跨调节前进行。

（3）通入标气同时需记录仪器的响应值以及已知标气值。

（4）将测试结果填入表 kqzd-18。

1.10.3.6　准确度测试

（1）向分析仪通入一系列浓度的标气，将仪器监测读数与标气实际浓度进行比较从而确定仪器的准确度。

（2）记录下通入不同标气下仪器的响应值及已知标气值。

（3）通入各个审核点的标气体积分数（仪器满量程）：1（0%）、2（3% ~ 8%）、3（15% ~ 20%）、4（40% ~ 45%）、5（80% ~ 90%）。

（4）准确度测试前不能改动监测仪器的任何设置参数，若准确度测试连同仪器零/跨调节一起进行，则要求准确度测试必须在零/跨调节前进行。

（5）将测试结果填入表 kqzd-19。

1.10.3.7　臭氧发生器传递（见图 1-2）

（1）用传递标准或二级标准对传递用臭氧监测分析仪进行多点校准，确保传递用监测分析仪具有很好的线性性能。

（2）不管使用共用零气源（或纯氧），还是独立零气源（或纯氧）。零气发生器中的干燥、氧化和洗涤材料应全部更新，确保提供的零气为干燥不含臭氧和干扰物质的空气。仪器连接好后，应进行气路检查，严防漏气。对排空口排出的气体，应通过管线连接到室外或在排空口加装臭氧过滤器去除排出的臭氧。

（3）臭氧发生器与传递标准或工作标准最好使用同一个零气源。选用的零气源的稀释零气量一定要超过臭氧标准传递用臭氧监测分析仪的气体需要量。

（4）在保证稀释零气流量恒定的前提下，通过调节臭氧发生器的臭氧发生控制装置，向标准传递用臭氧监测分析仪给出仪器响应满刻度值 0、15%、30%、45%、60%、75% 和 90% 浓度的臭氧输出。

（5）通过传递标准或二级标准臭氧发生器的标准工作曲线，计算臭氧监测分析仪响应所对应的标准工作曲线的浓度值，并与工作标准臭氧发生器臭氧浓度读数或刻度设置值和稀释零气量一起作记录。

（6）按照步骤 5 的结果，绘制工作标准臭氧发生器臭氧浓度读数或刻度设置值和稀释零气量与传递标准或二级标准臭氧发生器对应浓度值之间的校准曲线（注意：该曲线不一定呈线性）。至此完成了工作标准臭氧发生器的标准传递和标定。

（7）将测试结果填入表 kqzd-15。

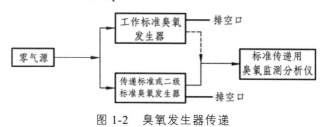

图 1-2　臭氧发生器传递

1.10.4　注意事项

1.10.4.1　停电异常处理

如停电及工控机死机后，无法正常启动时，需断开电源线 1 min 后，再通电重启，即可。

1.10.4.2　常见故障诊断

差分吸收光谱分析法空气质量连续监测系统常见故障诊断见表 1-24。

表 1-24 差分吸收光谱分析法空气质量连续监测系统常见故障

故障现象	可能的故障原因	故障处理
软件/硬件故障，通信故障	控制端口选择错误	正确设置控制端口
	接插件松动	将接插件接牢或更换
	RS485 扩展卡	更换 RS485 或重新安装 RS485 卡驱动
	通讯芯片坏	更换通讯芯片
	其他串扰	断开其他通讯连接
氙灯不亮	灯的安装不正确（警告：不能直接检查点灯装置或氙灯的接线柱处的电压，高电压或大电流会造成严重的伤害）	检查 DOAS 灯电源的电线极性
	氙灯电源故障	氙灯点亮时，可以听到点火声，如果听不到声音，联系厂家
	灯故障	检查氙灯是否老化，氙灯使用超过 6 个月应更换
汞灯不亮	汞灯没有预热	汞灯要先预热约 15 min
	汞灯或汞灯电源故障	更换汞灯或汞灯电源
极少或没有反射光	没有对准	重新调整光路
	光路被遮挡	移开遮挡物
	反射镜窗口脏了	清洗窗口
	光纤故障	咨询厂家，作相应处理
	CCD 故障	咨询厂家，作相应处理
	连线松了	检查所有部件的连接
	采集板板故障	更换采集板
信号强度太低	没有对准	见光路调整
	灯故障	（见上）

1.10.4.3 其他

当污染物长时间低于三倍检出限时，应对分析仪开展低浓度的校准；个别环境空气质量较好的城市，可以适当调低量程。

1.11　气象系统

1.11.1　方法原理

气象系统采用一系列传感器采集外部的天气数据并发送到控制台，在控制台上实时显示相关气象参数，传感器分为电磁式和超声波式两种。

1.11.2　运行维护

1.11.2.1　维护内容

气象系统的维护主要工作是清洁（见表 1-25）。

表 1-25　气象系统的维护

序号	维护周期	维护方式	维护内容
1	半年	清洁	清洁气象仪

1.11.2.2　清洁气象仪

（1）关闭气象仪电源，利用肥皂水和软布清洁气象仪传感器。
（2）某些型号气象仪可以拆卸清洗，注意拆卸前做好标记。
（3）清洗完所有部件后，利用清水冲洗，重新安装。
（4）将操作记录填入表 kqzd-21。

1.11.3　测试

1.11.3.1　测试内容

气象系统的测试主要为通讯测试（见表 1-26）。

表 1-26　气象系统的测试

序号	测试周期	测试方式	测试内容
1	必要时	测试	测试控制台通讯

1.11.3.2 测试控制台通讯

（1）人工旋转风杯并转动风速传感器，观察仪器测值是否变化。

（2）如无变化，查看主机的通讯频道是否和控制台上一致，检查线缆是否断裂。

1.11.4 注意事项

1.11.4.1 常见故障诊断

气象系统常见故障诊断见表1-27。

表 1-27　气象系统常见故障诊断

故障现象	故障原因	解决方案
不显示	控制台无电源	检查电源适配器或电池连接
风速读数太高或太低	风杯有阻碍	检查风杯是否摩擦太大，检查是否有遮挡物
温度读数太高或太低	温度传感器故障	检查温度校准数值；重新安装温度传感器
风向无读数	通讯问题	测试控制台通讯；如果问题，可能是风速风向传感器故障
风向错误	传感器故障	检查传感器安装问题

1.11.4.2 停电异常处理

来电后会自动恢复工作状态，无须处理。

1.12 能见度仪及城市摄影系统

1.12.1 方法原理

经脉冲调制后的红外光照射到检测空间，检测空间内的颗粒物等对光产生散射，与光源同平面上固定散射角度的光电探测器接收到散射光，经过放大和模/数转换后，光信号通过专门算法转化为能见度。

1.12.2 运行维护

1.12.2.1 维护内容

能见度仪的运行维护主要有检查、清洁、校准。下面维护时间表 1-28 可根据具体情况略作调整。

表 1-28 能见度仪维护一览表

序号	维护周期	维护方式	维护内容
1	每周	检查	检查检测空间
2			检查电源
3			检查传感器横臂水平状态
4	每季度	清洁	清洁透镜
5	每半年	校准	现场校准（厂家）
6	每年	检查	检查防雷

1.12.2.2 检查检测空间

（1）检查检测空间是否有蜘蛛网、鸟窝、树枝、树叶等影响数据采集的杂物，及时清理。

（2）检查透镜窗口是否集有灰尘。

（3）可在基座、支架管内放置硫黄，预防蜘蛛。

（4）填入 kqzd-01。

1.12.2.3 检查电源

（1）检查供电设施，保证供电安全。

（2）对于配有太阳能供电系统的站点，每三个月对蓄电池进行一次充放电。

（3）及时清除太阳能板上的灰尘、积雪等。

1.12.2.4 检查传感器横臂水平状态

（1）检查传感器横臂是否呈水平状态。

（2）若传感器横臂不水平应调节至水平状态。

1.12.2.5 清洁透镜

（1）用软布醮取 95% 的酒精擦净传感器透镜。

（2）把清洁情况填入 kqzd-21。

1.12.2.6 现场校准

（1）每 6 个月进行现场校准，每次维修仪器之后都应做现场校准。

（2）按照《前向散射能见度仪观测规范》要求将校准板连接到横臂的卡箍上，拧紧导轨连接杆上的旋钮。

（3）调整校准板的位置，保持校准板中心与检测空间中心位置基本重合，拧紧卡箍螺钉。

（4）待设备稳定工作 10 min，若观测值与标准信号值的误差在 10% 以内，说明仪器正常，不需校准。

（5）若观测值与标准信号值的误差在 10% 以上，需修改能见度仪校准参数，将输出值校准在与标准信号值误差 10% 以内。

（6）参数修改完毕，观察稳定工作 10 min，观测值与标准信号值的误差在 10% 内，方可结束校准工作。

（7）填入表 kqzd-06。

1.12.2.7 检查防雷

（1）每年请有资质的机构对防雷设施进行全面检查，并出具报告。

（2）对接地电阻进行测量，接地电阻应小于 4 Ω。

（3）检查时间最好安排在春季。

1.12.3 注意事项

（1）在发射器和接收器的视线范围内没有障碍物。

（2）避免太阳光直射发射器和接收器光学镜头。

（3）保持传感器横臂呈水平状态。

（4）设备监控方向应尽量避免选东西方向。在北半球，能见度仪传感器横臂接收端应指向北方。

1.12.4 常见故障诊断

能见度仪常见故障诊断见表1-29。

表1-29 能见度仪常见故障诊断表

现象	可能原因	采取的措施
能见度值总是太高	透镜可能被过度污染，比如有灰尘或凝水	清洁透镜
	光路被干扰，横臂朝向不理想	旋转横臂到合适的方向
	发射器或接收器供电故障	检查供电
	仪器未校准	现场校准（厂家）
能见度值总是太低	检测收到干扰	检查镜片附近是否有树枝、蜘蛛网或其他类似物体
	供电故障	检查供电
	仪器未校准	现场校准（厂家）

1.12.5 城市摄影系统原理

城市摄影系统分为能见度拍照系统和室内外安防系统。能见度定时拍照系统分为室外前端设备和室内数据采集计算机。室内外安防系统由室内外红外网络摄像机、采集电脑、网络硬盘录像机组成。以上设备通过交换机组成一个局域网，处于交换机同一网段内的后台监控计算机通过IP地址可以准确定位前端设备。整个系统通信协议采用TCP、UDP均可。数据采集计算机通过FTP上传（或开放相关接口），可以提供向远方更高级后台共享该子站监测数据，以便于满足后期对图片实施发布的功能。

能见度定时拍照系统是指利用高清照片直接定制触发拍照，形成高清的环境能见度照片，然后将采集后的图片通过网络传输至后台予以呈现。

系统前端监控点室外监控采用高清网络摄像机，室内监控采用高清网络半球机，采集的实时录像接入本地硬盘录像机存储，最终通过后端部署客户端软件来汇聚前端监控视频。

1.12.6 城市摄影系统运行维护

1.12.6.1 维护内容

城市摄影系统的维护主要包含检查、清洁、更换等三个部分。维护时间可根据实际情况进行调整（见表 1-30）。

表 1-30　城市摄影系统维护一览表

序号	维护周期	维护方式	维护内容
1	每周	检查	检查摄像机
2			检查网络
3			检查时间
4	每季度	清洁	清洁摄像机
5		检查	检查磁盘空间
7	每年	检查	检查防雷

1.12.6.2　检查摄像机

（1）检高清网络摄像机的前窗镜。

（2）及时清理前窗镜有蜘蛛网、灰尘、树叶等杂物。

（3）在采集电脑中检查高清的环境能见度照片是否清晰，角度是否变化。

（4）检查摄像机云台是否能正常转动。

（5）检查安防摄像图像是否能拍摄到仪器设备，室外是否能拍摄到必经路径。

（6）填入 kqzd-01。

1.12.6.3　检查网络

（1）检查图像是否能正常传输。

（2）检查网线插口是否松动。

（3）检查交换机及电源散热情况。

1.12.6.4　检查时间

（1）检查采集电脑时间是否与北京时间一致。

（2）若相差大于 60 s 应将时间设置到与北京时间一致。

1.12.6.5　清洁摄像机

（1）用干净的湿布清洁摄像机外表面。

（2）用软布醮取 95%的酒精擦净摄像头透镜。

（3）填入表 kqzd-21。

1.12.6.6　检查磁盘空间

（1）检查存贮图像的磁盘可用空间是否充足。

（2）磁盘空间应能保存 3 个月以上的图像。

（3）若磁盘可用空间不足，应将图像文件备份后，清理磁盘空间。

（4）填入 kqzd-06。

1.12.6.7　检查防雷

（1）每年请有资质的单位对防雷设施进行全面检查。

（2）对接地电阻进行测量，接地电阻应小于 4 Ω。

（3）检查时间最好安排在春季。

1.12.7　城市摄影系统注意事项

（1）相机的抓拍间隔时间，可根据需求对其变更设置，最短拍摄间隔时间为 1 min。时间隔短对电脑存储要求较高。

（2）摄像系统维护按电脑局域网维护要求做好防病毒工作。

1.13　数据采集与传输

数据采集与传输主要包括仪器数据发送，数据采集，网络传输等内容。

1.13.1　方法原理

数据采集传输是利用串口线将分析仪器的数字信号传输至数采工控机，工控机安装数采软件收集、统计各仪器的数据，再利用网络传输的方式将数据传输至中心服务器。

1.13.2　运行维护

1.13.2.1　维护内容

数据采集与传输维护内容见表 1-31。

表 1-31 数据采集与传输一览表

序号	维护周期	维护内容
1		检查分析仪器连接
2	每周	检查数采数据采集（含数据一致性检查）
3		检查数据传输
4	每月	数据备份、系统维护
5	每年	清洁工控机
6	必要时	更换系统损坏部件

1.13.2.2 检查分析仪器连接

（1）查看分析仪串口线是否处于正常连接。
（2）查看数采仪数据是否正常采集。

1.13.2.3 检查数采数据采集

（1）检查数采仪数据与仪器面板数据是否一致。
（2）检查数采仪数据是否随仪器面板数据同步变化。

1.13.2.4 检查数据传输

（1）检查数据存储是否正常。
（2）检查数据传输各级平台是否正常。

1.13.2.5 数据备份、系统维护

（1）定期对数据进行备份。
（2）对电脑杀毒软件、数据采集软件等进行升级。

1.13.2.6 清洁工控机

（1）关闭电源并移除机盖。
（2）用干净的湿布清洁工控机外表面。
（3）用吸尘器清洁机箱内可接近区域。
（4）用压缩气吹扫电路板、排风扇。
（5）重新安装。
（6）重启工控机，恢复正常采样状态。

1.13.2.7　系统维修

数据传输系统在运行过程中，会因为正常损耗而发生部件损坏。在出现工控机故障或者网络故障时，及时寻找专门的维修机构或网络运营商检查维修，更换损坏部件。

1.13.3　注意事项

1.13.3.1　停电异常处理

工控机停电重启后，需检查软件是否正常启动，各项参数是否正常，工控机是否缺失数据。

1.13.3.2　常见故障诊断

（1）数据采集仪无数据：检查分析仪器运行是否正常、检查串口连接线是否正常、检查数采仪设置是否正确。

（2）数据采集仪数据报警：检查分析仪器数据是否一致、检查数采仪项目单位设置是否正确、检查数采仪项目数据上下限设置是否正确。

（3）数据无法传输：检查工控机 IP 是否正确、检查网络是否正常、检查各级平台系统是否正常。

1.13.3.3　其他

数采工控机因 24 h 连续不间断的保持数据交换传输，故工控机硬盘容易损坏。工控机硬盘损坏后，及时更换硬盘并重新安装相关软件。

工控机出现故障 48 h 内能恢复的需在 48 h 内恢复运行，48 h 不能恢复的则需更换备用工控机保障数据的采集。

1.14　站房及配套设施

1.14.1　方法原理

环境空气自动监测子站站房及配套设施是为了保证自动监测仪器设备的

安全、正常运行，保证监测环境的稳定并且能够监测出真实、可信的环境空气质量数据。

1.14.2 运行维护

1.14.2.1 维护内容

站房的维护主要包括检查、清洁、更换三个部分（见表1-32）。维护频次应严格按照相关规范和技术要求执行。

表 1-32　站房维护一览表

序号	维护周期	维护方式	维护内容
1	每周	检查	视频监控装置
2			站房四周环境
3		检查	自动灭火装置
4			配电设施
5			标准气体
6			温、湿度表及气压表
7			配套工具及防毒警报装置
8			维修维护记录
9			
10	每月	清洁	站房卫生
11		清洁&检查	空调
12			排气风扇及防尘百叶窗
13	每年	检测	防雷接地
14	必要时	查看	防水设施

1.14.2.2　查看视频监控装置

（1）每周查看视频监控装置是否能够正常运行，站房及监测设备是否处于监控范围之内。

（2）查看视频监控装置拍摄的视频是否存在异常。

（3）将检查结果填入表 kqzd-01。

1.14.2.3　查看站房四周环境

（1）查看站房四周环境状况是否相对稳定，监测点附近 1 000 m 内的土地使用状况是否相对稳定。

（2）采样口周围水平面的捕集空间是否满足要求。

（3）点式监测仪器周围有无阻碍环境空气流通的高大建筑物、树木或者其他障碍物。采样口到附近最高障碍物的水平距离（大于该障碍物与采样口的高度差 2 倍以上）或者采样口到障碍物顶部与地平线夹角是否满足要求（＜30°）。

（4）长光程仪器的光路上是否有障碍物，监测光束到附近最高障碍物的水平距离（大于该障碍物与监测光束的高度差 2 倍以上）或者监测光束到障碍物顶部与地平线夹角是否满足要求（＜30°）。

（5）将检查结果填入表 kqzd-01。

1.14.2.4　检查自动灭火装置

（1）每周检查站房内配置的自动灭火装置是否能够正常使用。

（2）将检查结果填入表 kqzd-01。

1.14.2.5　查看配电设施

（1）检查站房的供电系统（电源电压波动、频率波动）是否满足要求。

（2）检查仪器的稳压电源、过载保护装置是否能够正常运行。

（3）将检查结果填入表 kqzd-01。

1.14.2.6　标准气体

（1）查看标准气体及标气瓶是否在保质期内。

（2）查看标准气体的压力是否充足。

（3）查看各个接口处是否漏气。

（4）将检查结果填入表 kqzd-01。

1.14.2.7　查看气象参数比对设备

（1）检查用于比对的温、湿度表及气压表是否在检定期内。

（2）检查用于比对的温、湿度表及气压表是否能够正常运行。

（3）将检查结果填入表 kqzd-01。

1.14.2.8　检查站房内的配套工具及防毒警报装置

（1）检查站房内的用于维修的工具是否齐全。

（2）检查站房的防毒警报装置是否能正常运行。

（3）检查站房的排风扇是否正常运行。

（4）检查站房内的排气管道是否通畅。

（5）将检查结果填入表 kqzd-01。

1.14.2.9 清洁站房卫生

（1）检查仪器的维修、维护记录是否完整，齐全。

（2）将检查结果填入表 kqzd-01。

1.14.2.10 清洁站房卫生

（1）每月对站房进行清洁，保证仪器的正常运行环境。

（2）将检查结果填入表 kqzd-01。

1.14.2.11 清洁、检查空调

（1）对空调的运行状况进行检查，查看空调的断电自启动功能十分正常。

（2）拆开对空调进风口，对滤网进行清洁。

（3）将检查结果填入表 kqzd-01。

1.14.2.12 清洁排气风扇及防尘百叶窗

（1）对站房的排气风扇和防尘百叶窗进行清洁，检查监测仪器的排气孔是否能够正常排除废气。

（2）将检查结果填入表 kqzd-01。

1.14.2.13 检查站房及仪器的防雷接地

（1）每年请专业的防雷检测部门对站房、仪器及通信设备的防雷接地做检测（接地电阻＜4 Ω）。

（2）将检查结果填入表 kqzd-06。

1.14.2.14 检查站房的防水装置

（1）定期（尤其是在下雨之后）对站房的防水设施进行检查。

（2）将检查结果填入表 kqzd-01。

1.14.3　注意事项

1.14.3.1　停电异常处理

（1）监测仪器、工控机、空调等均应有来电自启动功能，在电力恢复后应能够及时自动启动仪器，如无法正常启动，应及时处理。

（2）查看仪器是否通电（查看仪器的电源指示灯是否亮起）。

（3）仪器未通电，断开仪器的电源线，检查站房内的电力线路及配电箱内的空气开关是否正常使用，查找到原因后及时维修或者更换。

（4）如果仪器电源指示灯亮起，关闭仪器的开关，断开电源 1 min 后，再重新启动，如仍然无法正常启动，则需要对仪器进行检查或者维修。

2 系统管理

2.1 运行管理

空气自动站的运行管理工作应该明确专职管理人员，并建立环境空气自动监测运行管理规章制度。自动站的运行维护技术人员应熟练掌握自动监测系统的日常操作和维护，定期参加相关的技术培训。

2.1.1 每日工作

自动监测应实施"日监视"工作，每天上午和下午两次远程查看自动站数据并形成记录，监视和分析监测数据，对站点运行情况进行远程诊断和运行管理（见表2-1）：

表 2-1　子站每日运行管理工作表

序号	工作内容	填写表格
1	判断系统数据采集与传输情况，检查数据是否及时上传并正常发布，发现数据掉线及时恢复	kqzd-22 空气自动监测站监视及质控记录表（每日）
2	根据电源电压、站房温度、湿度数据判断站房内部情况	
3	根据仪器分析数据判断仪器运行情况	
4	根据其他报警信号判断现场状况	

2.1.2 每周工作

自动监测应实施"周巡检、周校准"工作，巡检工作要做到认真、仔细、周全。每周至少巡视自动站 1 次，并做好巡查记录，及时发现并排除发生的故障和存在的安全隐患，巡检时需要完成的工作见表2-2：

表 2-2 子站每周运行管理工作表

序号	工作内容	填写表格
1	查看自动站设备是否齐备，无丢失和损坏；检查接地线路是否可靠，排风排气装置工作是否正常，标准气钢瓶阀门是否漏气，标准气的消耗情况	
2	检查采样和排气管路是否有漏气或堵塞现象，各分析仪器采样流量是否正常	
3	检查各分析仪器的运行状况和工作参数，判断是否正常，如有异常情况及时处理，保证仪器运行正常	
4	检查外部环境是否正常，有没有对测定结果或运行环境存在明显影响的污染源	
5	检查电路系统和通信系统，保证系统供电正常，电压稳定	
6	检查通信系统，保证自动站与远程监控中心的连接正常，数据传输正常	kqzd-01 环境空气质量自动监测子站日常巡检记录表（每周）；kqzd-21 环境空气自动监测清洗、更换记录
7	检查监测仪器的采样入口与采样支路管线结合部之间安装的过滤膜的污染情况，每周更换滤膜，每周检查监测仪器散热风扇污染情况，及时清洗	
8	在冬、夏季节应注意自动站房室内外温差，若温差较大，应及时改变站房温度或对采样总管采取适当的控制措施，防止冷凝现象	
9	应及时清除自动站房周围的杂草和积水，当周围树木生长超过规范规定的控制限时，应及时剪除对采样或监测光束有影响的树枝	
10	检查站房的安全设施，做好防火防盗工作	
11	每周对气象仪器、能见度仪、城市摄影的运行情况进行检查	
12	每周对颗粒物的采样纸带、滤膜、加热装置进行检查，如纸带即将用尽或滤膜负载超过 50%，及时进行更换	
13	每周对站房内外环境卫生进行检查，及时保洁	
14	差分吸收光谱分析法仪器光谱信号检查	kqzd-16 长光程（SO_2、NO_2、O_3）分析仪运行状况检查记录表

2.1.3　每月工作

在做好日常监视与巡检工作的同时，每月还应该对部分仪器进行检查及清洗，每月运维工作见表 2-3：

表 2-3　子站每月运行管理工作表

序号	工作内容	填写表格
1	每月清洗一次制冷系统过滤网	kqzd-03 环境空气质量监测系统仪器维护记录（月度）
2	每月清洁一次颗粒物采样头、清理滤水瓶积水	
3	检查、清洁颗粒物分析仪仪器喷嘴、压环、振荡原件腔室等部件	
4	每月清洁仪器风扇防尘网	
5	仪器显示数据和数据采集仪之间的一致性检查	
6	仪器系统检漏	
7	检查差分吸收光谱分析法仪器氙灯风扇运转情况	kqzd-16 长光程（SO_2、NO_2、O_3）分析仪运行状况检查记录表
8	清洁差分吸收光谱分析法仪器前窗镜、工控机、光谱仪、气象参数接收机、角反射镜	kqzd-21 环境空气自动监测清洗、更换记录

2.1.4　每季度工作

每季度应对各项目采样管系统进行清洁保养并检漏，清洁仪器部件，检查部分仪器系统状况。每季度运维工作见表 2-4：

表 2-4　子站每季度运行管理工作表

序号	工作内容	填写表格
1	采样总管、支管及风机每季度至少清洗一次并检漏	kqzd-21 环境空气自动监测清洗、更换记录
2	清洁能见度仪透镜	
3	检查城市摄影系统磁盘空间状况	kqzd-06 环境空气质量监测系统维护记录（年度）

2.1.5　每半年工作

每半年应按要求更换、清洗相关仪器备件，对动态校准仪进行气密性检查。每半年运维工作见表 2-5：

表 2-5　子站每半年运行管理工作表

序号	工作内容	填写表格
1	更换零气源净化剂和氧化剂，对零气性能进行检查	kqzd-06 环境空气质量监测系统维护记录（年度）
2	动态校准仪气密性检查	
3	清洁动态校准仪机箱内部	kqzd-21 环境空气自动监测清洗、更换记录
4	清洁竹节式采样总管	
5	清洁气象仪	

2.1.6　每年工作

经过一年运行，仪器应做预防性检修，以提前发现问题。按要求更换、清洗、检查系统备件。此外，应在夏季来临前进行防雷检测、空调维护检修等工作。每年的运维工作见表 2-6：

表 2-6　子站每年运行管理工作表

序号	工作内容	填写表格
1	对所有的仪器进行预防性维护和检修，更换备件，更换所有泵组件	kqzd-06 环境空气质量监测系统维护记录（年度）；kqzd-20 环境空气质量自动监测仪器设备预防性检修记录
2	空调检修（一般在夏季之前）	
3	防雷检测	
4	颗粒物动态加热系统检查	
5	清洁仪器流量控制器、机箱、管路、电路板、排风扇	kqzd-21 环境空气自动监测清洗、更换记录
6	清洁颗粒物采样管道及检漏	
7	更换零气发生器颗粒物过滤器、催化剂	

2.1.7　必要时的工作

部分运维工作没有固定的时间频次要求，其维护内容及频次根据子站仪器系统的实际运行状况而定（见表 2-7）。

表 2-7　子站必要时做的运行管理工作表

序号	工作内容	填写表格
1	当仪器设备进行了检修、零部件更换、备机使用或其他应急异常情况时，应立即记录	kqzd-07 空气自动监测仪器维护维修记录表
2	清洁仪器部件，更换耗材和备件，测试相关仪器参数	kqzd-21 环境空气自动监测清洗、更换记录

2.2　质量控制

空气自动监测系统是由多系统、多环节构成，无论哪一个环节出现故障都将直接影响全系统。而空气自动监测系统又是长期连续运行的，因此任何分析仪器在长期连续工作中系统部件的变化必然会影响监测数据的稳定性和准确性。因此，对于连续自动监测系统实施质量管理尤为重要。

2.2.1　每日工作

空气自动监测工作应每日执行数据三级审核，并按时上报；对点式仪器二氧化硫、一氧化碳、臭氧、氮氧化物分析仪进行远程零点检查或自动零点检查，如果漂移超过国家相关规范要求，需要进行校准（见表 2-8）。

表 2-8　子站每日质控工作表

序号	质控内容	质控要求	填写表格
1	每日执行数据三级审核，并按时上报	及时发现异常情况，填写每日值班记录和三级审核表	kqzd-22 空气自动监测站监视及质控记录表（每日）；kqzd-02 分析仪运行状况检查校准记录表
2	对点式二氧化硫、氧化碳、臭氧、氮氧化物分析仪进行远程零点检查或自动零点检查，如果漂移超过国家相关规范要求，需要进行校准	零点漂移≤±2%量程无须调节，±2%至±5%之间应校准仪器，≥±5%应检修仪器	

2.2.2　每周工作

自动监测应实施"周巡检、周校准"工作。周校准工作主要对四项气态分析仪进行零点、跨度检查，如果漂移超过国家相关规范要求，根据需要进行校准或检修，并做好巡查记录，巡检时需要完成的工作见表 2-9：

表 2-9　子站每周质控工作表

质控内容	质控要求	填写表格
对二氧化硫、一氧化碳、臭氧、氮氧化物分析仪进行零点、跨度检查，如果漂移超过国家相关规范要求，根据需要进行校准或检修	零点漂移≤±2%量程无须调节，±2%至±5%之间应校准仪器，≥±5%应检修仪器；跨度漂移≤±5%量程无须调节，±5%至±10%之间应校准仪器，≥±10%应检修仪器	kqzd-02 分析仪运行状况检查校准记录表

2.2.3　每月工作

流量偏差对污染物浓度监测影响很大，因此每月应该对颗粒物监测仪及气体分析仪的流量进行检查，如超过国家相关规范要求，应及时进行校准，校准不能通过时，应立即停用该仪器并检修（见表 2-10）。

表 2-10　子站每月质控工作表

质控内容	质控要求	填写表格
检查 PM_{10} 及 $PM_{2.5}$ 监测仪、气体分析仪流量检查，超过国家相关规范要求，及时进行校准	PM_{10} 及 $PM_{2.5}$ 监测仪流量误差≤±5%；气体分析仪流量误差≤±10%	kqzd-03 环境空气质量监测系统仪器维护记录（月度）；kqzd-09 环境空气颗粒物（PM_{10} 和 $PM_{2.5}$）运行检查记录表

2.2.4　每季度工作

每季度应对 β 射线法颗粒物监测仪质量传感器进行校准，对点式和开放光程气态污染物分析仪进行精密度和准确度审核，对开放光程 SO_2、NO_2、O_3

监测仪进行单点校准（见表 2-11）。

表 2-11　子站每季度质控工作表

序号	质控内容	质控要求	填写表格
1	对 PM_{10} 和 $PM_{2.5}$ 监测仪器进行标准膜校准或 K0 值检查，超过国家相关规范要求时，及时进行校准	监测仪标准膜重现性 ≤±2%标称值	kqzd-12 β 射线法颗粒物监测仪质量传感器校准记录
2	对 SO_2、NO_2、O_3、CO 仪器进行精密度和准确度审核	精密度控制限为精密度 95%可信区间 ≤±15% 准确度控制限为准确度 95%可信区间 ≤±20%	kqzd-10 ＿＿＿＿分析仪精密度审核记录表； kqzd-11 ＿＿＿＿分析仪准确度审核记录表
3	对于开放光程 SO_2、NO_2、O_3 监测仪进行单点校准		kqzd-16 长光程（SO_2、NO_2、O_3）分析仪运行状况检查记录表
4	对于开放光程 SO_2、NO_2、O_3 监测仪进行精密度、准确度审核	精密度控制限为精密度 95%可信区间 ≤±15% 准确度控制限为准确度 95%可信区间 ≤±20%	kqzd-18 开放光程（　　）监测仪精密度审核记录表； kqzd-19 开放光程（　　）监测仪准确度审核记录表

2.2.5　每半年工作

每半年检查氮氧化物分析仪钼炉转化率，对动态校准仪流量、点式气态污染物监测仪和开放光程监测仪进行多点检查，使用臭氧传递标准对自动站臭氧工作标准进行标准传递等。详细要求见表 2-12：

表 2-12　子站每半年质控工作表

序号	质控内容	质控要求	填写表格
1	对氮氧化物分析仪钼炉转化率进行检查	钼炉转化率应 ≥96%	kqzd-05 氮氧化物分析仪钼炉转化率记录表（每半年）

序号	质控内容	质控要求	填写表格
2	对动态校准仪流量进行多点检查，必要时校准	多点校准曲线的相关系数：（r）＞0.999；0.99≤斜率（b）≤1.01；截距（a）＜满量程±1%；若其中任何一项不满足指标要求，则需对监测分析仪器重新进行调整后，再次进行多点校准，直至取得满意的结果。 动态校准仪流量误差≤±2%	kqzd-14 多气体动态校准仪校准检查记录表（每半年）
3	采用臭氧传递标准对自动站臭氧工作标准进行标准传递（多点校准）	浓度误差≤±10%； $t90$≤5 min	kqzd-15 臭氧（O_3）校准仪（工作标准）量值传递记录表
4	对点式气态污染物监测仪进行多点校准，绘制校准曲线，检验相关系数、斜率和截距	多点校准曲线的相关系数（r）＞0.999；0.99≤斜率（b）≤1.01；截距（a）＜满量程±1%；若其中任何一项不满足指标要求，则需对监测分析仪器重新进行调整后，再次进行多点校准，直至取得满意的结果	kqzd-04 气体分析仪多点校准记录表（每半年）
5	对开放光程监测仪进行多点校准，绘制校准曲线，检验相关系数、斜率和截距		kqzd-17 开放光程监测仪多点校准表（半年）
6	能见度仪现场校准		kqzd-06 环境空气质量监测系统维护记录（年度）

2.2.6 每年工作

年度预防性维护后应进行多点和零/跨漂检查，以及 24 h 零漂和跨漂检查，对 SO$_2$、NO$_2$、O$_3$、CO 仪器的准确度审核，对臭氧标准进行量值溯源，对量具检定，并更换标气，对 β 射线法颗粒物监测仪环境温度和压力传感器进行校准

表 2-13 子站每年质控工作表

序号	质控内容	质控要求	填写表格
1	对所有的仪器进行预防性维护，按说明书的要求更换备件，更换所有泵组件	年度预防性维护后应进行多点和零/跨漂检查，以及 24 h 零漂和跨漂检查	kqzd-20 环境空气质量自动监测仪器设备预防性检修记录
2	将臭氧传递标准进行量值溯源		由具备臭氧标准资质的单位出具质量传递报告
3	对量具进行检定		由具备量具检定资质的单位出具相关检定报告。
4	对标准气体进行更换		由标准气体生产单位出具相关检验报告
5	校准和检查 PM$_{10}$ 及 PM$_{2.5}$ 分析仪的温度、气压和时钟	温度测量示值误差应 ≤±2 ℃；大气压测量示值误差应 ≤±1 kPa	kqzd-13β 射线法颗粒物监测仪环境温度和压力传感器校准表

2.2.7 必要时的工作

当对设备进行检修、更换主要零部件等较大的维修维护后，应对设备进行调试检测，以保证仪器设备满足各项性能要求。详细要求见表 2-14。

表 2-14 子站调试质控工作表

质控内容	质控要求	填写表格
当对设备进行检修、更换主要零部件等较大的维修维护后，应对设备进行调试检测，以保证仪器设备满足性能要求		根据实际调试检测内容选择填写相关记录表格

2.2.8　年度计划及总结

环境空气自动监测子站管理单位应设立运行管理部门，制订年度质量管理计划，每年 1 月 15 日前上报本年度质量管理计划，本年度质量管理工作严格按照计划执行。

每年底对本年度辖区内空气子站的质量管理工作进行总结，并于 12 月 30 日前将本年度质量管理工作总结报告上报上级环境管理单位。

2.3　运行监督

省级环境管理单位依托各级环境管理部门对辖区内空气自动站的运行监管，有效提升空气自动监测站运行的可靠性和获取数据的准确性。监督检查方式包括月通报、专项通报、网络检查、现场比对、密码样考核、飞行检查等方面。

市（州）级环境管理单位对辖区内省控环境空气自动监测子站的数据质量、运行监督结果应进行每月通报，并抄送上级环境管理单位，对发现的问题及时要求整改。每月编制运维评价报告及运行监督自查报告，上报上级环境管理单位。

2.3.1　通报制度

2.3.1.1　月通报

每月编制《县（市、区）城市环境空气自动监测系统运行及监管报告》，对辖区内空气子站每月的数据传输率、有效性、数据审核、质控落实情况和运维质量监管进行统计，对不符合运维要求的子站、数据审核质量、运维质量监管效果等情况通报相关单位，并将通报结果抄报上级环境管理单位。

1. 数据传输率

数据传输率是指每日从子站上传至平台的数据占应有监测数据量的比例。按合同要求对数据传输率进行考核。

2. 数据有效性

数据有效性是每日通过审核的日有效监测天数能否满足《环境空气质量

标准》（GB 3095—2012）要求。每月至少有 27 天日有效监测天数（二月≥25 天），每年至少有 324 天日有效监测天数。

3. 运维质量

在日常数据审核过程中，通过各空气子站监测数据的完整性、上报数据合理性和真实性、质控措施的有效性及质控频次，综合判断各空气子站运维质量是否满足合同要求。对运维质量存在问题的空气子站在每月的《158 县（市、区）城市环境空气自动监测系统运行及监管报告》中进行通报。

4. 运维监管

运维监管是指各市（州）对当地空气质量自动监测子站进行监督检查，可采取飞行检查等方式进行。检查主要项目包括站房及配套设施、采样系统维护效果、仪器日常维护效果、质控控制效果、通信系统维护效果、运维人员要求、档案记录规范性、异常情况处理、地方环保部门保障情况等。

2.3.1.2 专项通报

在监督检查中发现存在下列行为之一的，应采取通报批评、扣减费用、取消运维资格等措施追究责任。

（1）数据泄密，擅自更改原始数据、弄虚作假；

（2）违反操作规程，或对子站固定资产管理不善、造成重大损失；

（3）无正当理由未按时上报数据及相关报告；

（4）未按要求完成子站日常运行维护工作，数据质量不符合要求且未及时采取改进措施；

（5）设备故障长时间得不到恢复，或无正当理由长期停止子站运行，影响数据上报；

（6）避雷设施、防火设施未年检或年检不合格且未采取整改措施；

（7）违反经费专款专用规定。

（8）运维监管工作长期未达到全覆盖要求、数据审核质量低。

2.3.2 网络检查

通过安装远程控制软件，查看自动站仪器及数据情况。可将自动站仪器原始数据与上传数据进行对比，检查是否有篡改数据、仪器是否运行正常、是否进行校准等情况，或远程查看自动站摄影系统影像，检查运维人员现场工作情况，每日至少检查一次。

2.3.3　现场比对

2.3.3.1　气态污染物监测比对

使用符合国家规范的气态污染物自动监测仪，对辖区内空气自动监测子站的气体监测项目进行现场比对监测抽查，随机抽查，各子站比对监测时间为 5 ~ 7 天，每次确保具有不少于 5 天的有效数据。

2.3.3.2　颗粒物比对

采用颗粒物便携式自动监测仪器，对辖区内空气自动监测子站的颗粒物监测项目进行现场比对监测抽查，随机抽查，各子站比对监测时间为 5 ~ 7 天，每次确保具有不少于 5 天的有效数据。

2.3.3.3　监测结果评价

评价被比对子站监测数据与比对监测仪器小时浓度的变化趋势是否一致。

在比对数据变化趋势基本一致的情况下，进行比对子站平均浓度的偏离度评价：以气体自动监测仪或颗粒物便携式自动监测仪器监测结果作为参照，对比对子站的监测结果进行偏离度评价。比对子站 SO_2、NO_2、CO、O_3、PM_{10} 平均浓度的偏离度应≤±10%，$PM_{2.5}$ 平均浓度的偏离度应≤±15%。

子站平均浓度的偏离度（%）=（被比对子站小时浓度算术平均值—比对仪器小时浓度算术平均值）÷比对仪器小时浓度算术平均值×100%

2.3.4　密码样考核

使用符合国家标准的标准气体密码样，对辖区内空气自动监测子站进行考核，相对误差应在±5%范围内（含±5%）。

2.3.5　飞行检查

不通知时间、不通知地点、不通知人员、随机抽查空气自动监测子站和监测项目。检查内容主要包括站房检查、仪器性能和状态检查、监测数据质量检查、运行维护记录档案检查、人员仪器操作水平检查、运行维护工作检查、质量管理检查等方面。检查内容与评价标准参见《kqzd-23 环境空气自动监测质量管理技术体系现场检查评分表》《kqzd-24 环境空气自动监测质量现场检查评分表》和《kqzd-25 环境空气自动监测质量现场检查评分表（以长光程仪器为基本配置）》。飞行检查完成后当月内在省平台填写完成检查记录。

2.4　考　评

2.4.1　运维考评

按月、季度、年对空气子站社会化运维机构的工作质量进行考核，考核内容包括运行管理、质量控制、运行监督等。对于运行维护质量差、数据质量未满足规定要求、考评结果不合格的社会化运维机构，将按相关规定扣减运行维护费或终止合同。

2.4.1.1　运维管理

评价空气子站运维效果，包括运维项目、运维频次、仪器系统运维情况、监测数据质量。

2.4.1.2　质量控制

评价社会化运维机构落实质量控制措施的情况，包括质量控制措施内容、质量控制措施频次和效果。

2.4.1.3　异常响应

评价社会化运维机构解决仪器报警、仪器故障、数据异常等的响应情况。

2.4.2　运维考评方式

对运维工作质量进行考评，考评内容包括月通报、专项通报、网络检查、现场比对、密码样考核、现场检查等完成情况。

2.5　培训与考试

必须配备专职技术人员进行空气子站的运行管理和维护工作。省总站负责组织全省空气子站的监测技术培训，培训内容主要包括运行维护、质控措施、记录填写和操作技术等方面，并同时进行培训考试。

2.6 子站建设

2.6.1 点位布设要求

参考《环境空气质量监测点位布设技术规范（试行）》（HJ 664—2013）。

环境空气质量评价城市点位于各城市的建成区内，并相对均匀分布，覆盖全部建成区。

环境空气质量评价区域点和背景点应远离城市建成区和主要污染源，区域点原则上应离开城市建成区和主要污染源 20 km 以上，背景点原则上应离开城市建成区和主要污染源 50 km 以上。

区域点应根据我国的大气环流特征设置在区域大气环流路径上，反映区域大气本底状况，并反映区域间和区域内污染物输送的相互影响。

背景点设置在不受人为活动影响的清洁地区，反映国家尺度空气质量本底水平。

区域点和背景点的海拔高度应合适。在山区应位于局部高点，避免受到局地空气污染物的干扰和近地面逆温层等局地气象条件的影响；在平缓地区应保持在开阔地点的相对高地，避免空气沉积的凹地。

各城市环境空气质量评价城市点的最少监测点位数量应符合表 2-15 的要求。按建成区城市人口和建成区面积确定的最少监测点位数不同时，取两者中的较大值。

表 2-15 环境空气质量评价城市点设置数量要求

建成区城市人口/万人	建成区面积/km^2	最少监测点数
<25	<20	1
25～50	20～50	2
50～100	50～100	4
100～200	100～200	6
200～300	200～400	8
>300	>400	按每 50～60 km^2 建成区面积设 1 个监测点，并且不少于 10 个点

区域点的数量由国家环境保护行政主管部门根据国家规划，兼顾区域面积和人口因素设置。各地方应可根据环境管理的需要，申请增加区域点数量。

背景点的数量由国家环境保护行政主管部门根据国家规划设置。

位于城市建成区之外的自然保护区、风景名胜区和其他需要特殊保护的区域，其区域点和背景点的设置优先考虑监测点位代表的面积。

2.6.2　监测项目

环境空气质量评价城市点的监测项目依据 GB 3095—2012 确定，分为基本项目和其他项目。

环境空气质量评价区域点、背景点的监测项目除 GB 3095—2012 中规定的基本项目外，由国务院环境保护行政主管部门根据国家环境管理需求和点位实际情况增加其他特征监测项目，包括湿沉降、有机物、温室气体、颗粒物组分和特殊组分等，具体见表 2-16。

表 2-16　环境空气质量评价区域点、背景点监测项目表

监测类型	监测项目
基本项目	二氧化硫（SO_2）、二氧化氮（NO_2）、一氧化碳（CO）、臭氧（O_3）、可吸入颗粒物（PM_{10}）、细颗粒物（$PM_{2.5}$）
湿沉降	降雨量、pH、电导率、氯离子、硝酸根离子、硫酸根离子、钙离子、镁离子、钾离子、钠离子、铵离子等
有机物	挥发性有机物（VOCs）、持久性有机物（POPs）等
温室气体	二氧化碳（CO_2）、甲烷（CH_4）、氧化亚氮（N_2O）、六氟化硫（SF_6）、氢氟碳化物（HFCS）、全氟化碳（PFCS）
颗粒物主要物理化学特性	颗粒物数浓度谱分布、$PM_{2.5}$ 或 PM_{10} 中的有机碳、元素碳、硫酸盐、硝酸盐、氯盐、钾盐、钙盐、钠盐、镁盐、铵盐等

2.7　子站验收

2.7.1　验收内容

（1）省控空气子站的验收包括子站的选址审查和子站系统验收。

（2）子站选址审查内容包括：子站点位的代表性、周边环境对子站建设、仪器安置的影响。

（3）子站系统验收内容包括：仪器性能、系统整合、联网能力。招标签订的采购合同以及是否能成功接入省控网络平台作为验收依据。

2.7.2　验收程序（见图 2-1）

（1）申请选址审查的县（市、区）环境保护局应填写《kqzd-26 四川省省级环境空气质量自动监测系统子站选址审查表》，并附由负责建设的环境监测站编制的《kqzd-27 四川省省级环境空气质量自动监测系统子站选址报告（样本）》，报市（州）环境保护局审查、认可，并报省环境保护厅备案（同时抄送省环境监测总站）。

（2）监测子站建设完成并通过试运行后，由当地县（市、区）环境保护局填写《kqzd-28 四川省省级环境空气质量自动监测系统子站建设验收审查表》，并附由负责建设的环境监测站编制的《kqzd-29 四川省省级环境空气质量自动监测系统子站建设子站建设情况报告》，报所属市（州）环境保护局审查；市（州）环境保护局按 kqzd-28 表中《监测子站验收总体评判表》要求组织验收。通过验收的，由市（州）环境保护局向省环境保护厅行文上报验收报告。省环境保护厅根据验收报告和有关情况进行批复。

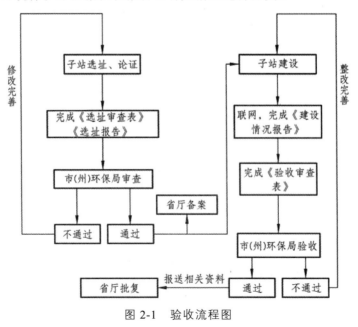

图 2-1　验收流程图

2.8 资产管理

2.8.1 台账管理

四川省空气子站资产按国有资产有关规定统一管理。空气子站仪器设备及附属设施纳入固定资产管理台账，按有关规定实施固定资产管理（见表2-17）。

表 2-17 _____空气自动监测系统基本情况管理台账

空气子站名称	空气子站所在地	经度	纬度	运维公司	站房面积	子站投入运行日期
序号	仪器编号	名称	型号	量程	投入使用日期	备注
1						
2						
...						

2.8.2 设备报废

空气子站仪器设备的使用年限一般为 6～8 年，空气子站仪器设备报废按固定资产管理规定办理报废手续，存档备查。

2.8.3 资产安保

建立安全保卫制度，落实安全保卫措施。凡属保管或使用不当造成的资产损失，由相应责任方负责赔偿。

3 数据记录

kqzd-01 环境空气质量自动监测子站日常巡检记录表（每周）

kqzd-02 （　　　　　）分析仪运行状况检查/校准记录表

kqzd-03 环境空气质量监测系统仪器维护记录（月度）

kqzd-04 （　　　　　）气体分析仪多点校准记录表（每半年）

kqzd-05 氮氧化物分析仪钼炉转化率记录表（每半年）

kqzd-06 环境空气质量监测系统维护记录（年度）

kqzd-07 空气自动监测仪器维护维修记录表

kqzd-08 环境空气气态污染物（SO_2、NO_2、O_3 和 CO）连续监测系统调试检测记录表

kqzd-09 环境空气颗粒物（PM_{10} 和 $PM_{2.5}$）运行检查记录表

kqzd-10 _____分析仪精密度审核记录表

kqzd-11 _____分析仪准确度审核记录表

kqzd-12 β 射线法颗粒物监测仪质量传感器校准记录

kqzd-13 β 射线法颗粒物监测仪环境温度和压力传感器校准表

kqzd-14 多气体动态校准仪校准检查记录表（每半年）

kqzd-15 臭氧（O_3）校准仪（工作标准）量值传递记录表

kqzd-16 长光程（SO_2、NO_2、O_3）分析仪运行状况检查记录表

kqzd-17 开放光程气体分析仪（　　　　　）多点校准记录表（半年）

kqzd-18 开放光程气体分析仪（　　　　　）监测仪精密度审核记录表

kqzd-19 开放光程气体分析仪（　　　　　）准确度审核记录表

kqzd-20 环境空气质量自动监测仪器设备预防性检修记录

kqzd-21 环境空气自动监测清洗、更换记录

kqzd-22 空气自动监测站监视及质控记录表（每日）

kqzd-23 环境空气自动监测质量管理技术体系现场检查评分表

kqzd-24 环境空气自动监测质量现场检查评分表

kqzd-25 环境空气自动监测质量现场检查评分表（以长光程仪器为基本

配置）

kqzd-26 四川省省级环境空气质量自动监测系统子站选址审查表

kqzd-27 四川省省级环境空气质量自动监测系统子站选址报告（样本）

kqzd-28 四川省省级环境空气质量自动监测系统子站建设验收审查表

kqzd-29 四川省省级环境空气质量自动监测系统子站建设子站建设情况报告（样本）

kqzd-30 臭氧传递测试报告

kqzd-01 环境空气质量自动监测子站日常巡检记录表（每周）

城市： 　　　　　　　　　　　　　　　　站点：

序号	巡查内容	正常 "√"	异常 "√"	备注
	站房外部及周边			
1	点位周围环境变化情况			
2	点位周围安全隐患			
3	点位周围道路、供电线路、通信线路、给排水设施完好或损坏状况			
4	站房外围的防护栏、隔离带有无损坏情况			
5	监控视屏是否运行正常和清洁			
6	周围树木是否需要修剪			
7	站房防雷接地是否完好			
8	站房屋顶是否完好，有无漏雨			
	站房内部			
9	消防器材是否在使用有效期内			
10	站房内部的供电、通讯是否畅通			
11	站房内部给排水、供暖设施、空调工作状况			
12	站房内有无气泵产生的异常声音			
13	站房内有无异常气味			
14	自动监测室内温度、湿度是否符合要求			
15	气体采样管路是否由于室外温差产生冷凝水			
16	排风扇是否正常运行			
17	稳压电源参数是否正常			
18	各电源插头、线板工作是否正常			
19	检查颗粒物切割头，清理滤水瓶积水			
20	仪器气泵工作是否正常			
21	检查/更换干燥剂：蓝色变为粉红时显示失效程度，蓝色剩 1/3～1/4 时即应更换（干燥剂——变色硅胶的处理方法：放在表面皿/搪瓷盘中在烘箱 120 ℃ 烘干，时间为 4 h 左右；烘干后放在干燥器中保存）			

22	检查钢瓶气及减压阀安全情况，各钢瓶气压力：SO₂　　NO　　CO			
23	检查采样总管、采样头、支管和加热装置是否正常			
24	检查颗粒物分析仪滤筒（部分品牌还有此装置）、滤带使用情况			
25	能见度仪器运行情况			
26	城市摄影系统运行情况			
异常情况及处理说明：				

填表人：　　　　　　　　　　　　科室负责人：

　　　年　　　月　　　日　　　　　　　　　　年　　　月　　　日

kqzd-02 （   ）分析仪运行状况检查/校准记录表

城市：   站点：

仪器型号：		校准日期		
仪器编号：		使用满量程/ppb		
标气瓶编号		标气瓶浓度/ppm		
校准点	开始时间	结束时间	标准浓度	显示值 响应浓度	标定值 响应浓度
零点					
满量程的 80%					
零点漂移/ppb					
跨度漂移/%					
检 查 项 目	正常范围		检查值	异常时处理记录	
采样压力					
采样流量					
斜率					
截距					
高压电源					
反应室温度					
机箱温度					
PMT 温度					
更换滤膜（请将滤膜贴于此处）					
工控机运行状态					
备注：					

填表人：   科室负责人：

　　　　年　　月　　日　　　　　　　　　　年　　月　　日

kqzd-03 环境空气质量监测系统仪器维护记录（月度）

城市：　　　　　　　　　　　　站点：

序号	项　　　　目	维护情况
1	校准各监测仪器时钟	
2	检查 PM_{10} 采样膜使用时间是否超出一个月并更换	
3	检查 PM_{10} 辅助滤芯使用时间是否超出 3 个月并更换	
4	清洗 $PM_{10}/PM_{2.5}$ 切割头	
5	检查颗粒物分析仪的流量_____LPM	
6	检查、清洁颗粒物分析仪仪器喷嘴、压环、振荡原件腔室等部件	
7*	清洁校准总管电磁阀	
8*	更换校准总管滤膜	
9	更换气态分析仪采样滤膜	
10	清洁计算机、仪器散热防尘网	
11	消防器材是否在使用有效期内	
12	检查 SO_2，NO，CO，CO_2 标气是否在有效期内	
13	清洗制冷系统过滤网	
14	站房内外清洁	
15	气态分析仪器流量检查	
16	检查泄漏（气态污染物和颗粒物分析仪）	

仪器名称	仪器型号	流量范围	显示值	测量值	处理情况

其他情况	

备注：*项目各地根据实际情况决定是否需要。

填表人：　　　　　　　　　　　　科室负责人：

　　　　年　　月　　日　　　　　　　　年　　月　　日

kqzd-04 （   ）气体分析仪多点校准记录表（每半年）

城市：   站点：

监测仪器名称			校准日期		
仪器编号			使用量程/ppb		
标气瓶编号及有效期			标气浓度/ppm		
校准器型号/编号			零气源型号/编号		
校准点/%	开始时间	结束时间	标准值	仪器响应浓度	
				响应值	备用记录 1	备用记录 2
零点						
满量程的 10%						
满量程的 30%						
满量程的 50%						
满量程的 70%						
满量程的 90%						
多点线性校准结果	斜率 b：		截距 a：		相关系数 r：

注①：对所获校准曲线的检验指标应符合相关技术标准。

注②：若其中任何一项不满足指标要求，则需对监测分析仪器重新进行调整后，再次进行多点校准，直至取得满意的结果。

填表人：   科室负责人：

年   月   日   年   月   日

kqzd-05 氮氧化物分析仪钼炉转化率记录表（每半年）

城市：　　　　　　　　　　站点：

设备型号/编号			检查时间		
NO 设置浓度	O_3 开/关	氮氧化物分析仪 resp/adj	O_3 设置浓度		
满量程 90%	关	[NO]resp			
		[NO$_x$]resp			
		[NO]adj			
		[NO$_x$]adj			
	开	[NO]resp			
		[NO$_2$]resp			
		[NO]adj			
		[NO$_x$]adj			
		Delta[NO]			
		Delta[NO$_x$]			
		转化效率	X:	Y:	Z:
平均转化效率					
转换效率 = { Delta [NO] - Delta [NO$_x$]} / Delta [NO]$_x$100%					
平均转换效率 = (X+Y+Z)/ 3					
Delta [NO] = [NO] Adj. (O_3 off) - [NO] Adj.(O_3 on)					
Delta [NO$_x$] = [NO$_x$] Adj.(O_3 off) - [NO$_x$] Adj.(O_3 on)					
注：① 如果平均转化效率＜96%，分析仪需运回实验室					
评价：					

填表人：　　　　　　　　　　科室负责人：

　　年　　月　　日　　　　　　　　　　年　　月　　日

kqzd-06　环境空气质量监测系统维护记录（年度）

城市：　　　　　　　　　　　　　　　　站点：

序号	项　　目	日　期	人员
1	清洁气态污染物采样总管及支管	上半年：	
		下半年：	
2	清洁 PM_{10} 采样总管		
3	清洁 $PM_{2.5}$ 颗粒物采样总管		
4	清洁 PM_{10} 振荡单元采样管		
5	零气源更换分子筛，活性碳	上半年：	
		下半年	
6	NO_x 外置泵更换活性碳	上半年	
		下半年	
7	NO_x 钼炉转换效率检测	上半年	
		下半年	
8	对空调进行检查与维护		
9	空调遥控器更换电池		
10	站房防雷接地电阻检查（专业防雷公司）		
11	城市摄影系统磁盘空间检查	第一季度	
		第二季度	
		第三季度	
		第四季度	
12	动态校准仪检漏	上半年	
		下半年	
13	能见度校准		
14	动态加热系统检查		
15	采样总管检漏		
备注：*项目各地根据实际情况决定是否需要或更改。			

填表人：　　　　　　　　　　　　　　科室负责人：

　　　年　　月　　日　　　　　　　　　　年　　月　　日

kqzd-07 空气自动监测仪器维护维修记录表

城市：   站点：

检修分析仪名称、型号/编号			
现象描述			
检修、维护内容			
更换零件、备件、耗材名称			
多点和零/跨漂	斜率 b	截距 a	相关系数 r
校准结果	24 h 零点漂移		24 h 跨度漂移

填表人：   科室负责人：

　　年　　月　　日   　　年　　月　　日

kqzd-08　环境空气气态污染物（SO₂、NO₂、O₃和CO）
连续监测系统调试检测记录表

城市：　　　　　　　　　　　　　　　　站点：

项目	检测结果	是否符合要求		
		是 √	否 ×	备注/其他
零点噪声				
最低检出限				
量程噪声				
示值误差				
20%量程精密度				
80%量程精密度				
24 h零点漂移				

24 h 20%量程漂移					
24 h 80%量程漂移					
调试检测结论					

填表人：　　　　　　　　　　科室负责人：
　　　年　　月　　日　　　　　　　　　　年　　月　　日

kqzd-09 环境空气颗粒物（PM$_{10}$和PM$_{2.5}$）运行检查记录表

站点名称		仪器编号			
调试检测日期		检测人员			
项目	检测结果		是否符合要求		
			是 √	否 ×	备注/其他
温度测量示值误差	环境温度值/°C				
	仪器温度显示值/°C				
	示值误差/°C				
大气压测量示值误差	环境大气压值/kPa				
	仪器大气压显示值/kPa				
	示值误差/kPa				
流量测试 PM$_{10}$					
流量测试 PM$_{2.5}$					
校准膜是否通过					

填表人：　　　　　　　　　　　科室负责人：

　　　年　　月　　日　　　　　　　　年　　月　　日

kqzd-10 _____ 分析仪精密度审核记录表

点位名称		审核日期	
仪器型号及编号		室内温/湿度	
审核时间		标气编号/浓度	
审核次数	标准值	仪器响应值	百分误差（%）
1			
2			
3			
4			
5			
6			
7			
8			
9			
10			
11			
12			
标准偏差			
备注	对于 SO_2、NO 和 O_3，精密度检查浓度值在 80～100 ppb 选取；对于 CO 精密度检查浓度值在 8～10 ppm 选取。		

填表人：   科室负责人：

　　年　　月　　日　　　　　　　年　　月　　日

kqzd-11 _____分析仪准确度审核记录表

点位名称			审核日期		
仪器型号及编号			室内温/湿度		
审核时间			标气编号/浓度		
审核过程	零点	20%F.S	40%F.S.	60%F.S.	80%F.S.
标准值（ ）					
仪器响应值（ ）					
仪器百分误差/%	—				
审核结果	相关系数（r）		斜率（b）	截距（a）	
合格	□是				□否
备注	仪器准确度测试，通入仪器用满量程 0%、20%、40%、60% 和 80% 的标气，计算相关系数、斜率和截距。				

填表人：　　　　　　　　　　　科室负责人：

　　年　　月　　日　　　　　　　　　　年　　月　　日

kqzd-12 β射线法颗粒物监测仪质量传感器校准记录

站点：		开始时间：	
日期：		结束时间：	
仪器信息			
仪器型号		仪器出厂编号	
仪器测量温度/压力			
温度		压力	
标准膜片校准结果记录			
校准模式	校准膜质量	校准前K值	校准结果（K值或通过/不通过）	校准确认（是/否）
备注				

填表人：　　　　　　　　　　　　科室负责人：

　　　年　　月　　日　　　　　　　　　年　　月　　日

kqzd-13　β射线法颗粒物监测仪环境温度和压力传感器校准表

站点名称：_____

操作日期：_____ 开始时间：_____ 结束时间：_____

颗粒物监测仪资料		
仪器型号	出厂编号	监测项目
		$PM_{10}/PM_{2.5}$

环境温度传感器资料		单位：℃	
传感器编号			
参考温度计资料			
设备型号		出厂编号	
测量范围		示值修正量	
温度校准结果			
参考温度计的读数		传感器的读数	
直接读取的标准读数	已修正的标准值*	校准前	校准后

环境压力传感器资料		单位：hPa	
传感器编号			
参考气压计资料			
设备型号		校准方程（Y_真实值，X_显示值）	
出厂编号		斜率	截距	相关系数
压力校准结果			
参考气压计的读数		传感器的读数	
直接读取的标准读数	已修正的标准值*	校准前	校准后

注释：*对于参考温度计的读数，已修正的标准值＝直接读取的标准读数＋示值修正量；

　　　对于参考气压计的读数，已修正的标准值＝直接读取的标准读数×斜率＋截距。

备注：_____

_____

填表人：　　　　　　　　　　　科室负责人：

　　　年　　月　　日　　　　　　　　年　　月　　日

kqzd-14 多气体动态校准仪校准检查记录表（每半年）

城市：　　　　　　　　　　　　　　站点：

仪器型号/编号			检查时间		
气压		温度		湿度	
校准流量计型号			校准流量计编号		

校准检查结果

0～10 L/min 流量控制器

序号	设定值	仪器读数/（L/min）	流量计读数/（L/min）	流量计修正读数/（L/min）（质量流量）	输入校准器值/（L/min）（质量流量）
1	1 L/min				
2	2 L/min				
3	3 L/min				
4	4 L/min				
5	5 L/min				
6	6 L/min				
7	7 L/min				
8	8 L/min				
9	9 L/min				
10	10 L/min				
斜率 $b=$		截距 $a=$		相关系数 $r=$	

0～100 mL/min 流量控制器

序号	设定值				
1	10 mL/min				
2	20 mL/min				
3	30 mL/min				
4	40 mL/min				
5	50 mL/min				
6	60 mL/min				
7	70 mL/min				
8	80 mL/min				
9	90 mL/min				
10	100 mL/min				
斜率 $b=$		截距 $a=$		相关系数 $r=$	

填表人：　　　　　　　　　　　科室负责人：

　　年　　月　　日　　　　　　　　年　　月　　日

kqzd-15 臭氧（O₃）校准仪（工作标准）量值传递记录表

仪器名称			送测单位	
仪器型号			日期	
测试环境条件				
温度			地点	
湿度			气压	

	开始时间	结束时间	设置浓度	实测浓度	示值误差		合格要求
示值误差						0%	±2%FS
						15%	±2%FS
						30%	±2%FS
						45%	±2%FS
						60%	±2%FS
						75%	±2%FS
						90%	±2%FS
	开始时间	结束时间	设置浓度	实测浓度	示值误差	Sr	合格要求
重复性			50%FS				
			50%FS				
			50%FS				≤2%
			50%FS				
			50%FS				

填表人：　　　　　　　　　　　　　　科室负责人：

　　　　年　　月　　日　　　　　　　　　　年　　月　　日

kqzd-16 长光程（SO₂、NO₂、O₃）分析仪运行状况检查记录表

仪器型号：			校准日期		
使用满量程/ppb					
标气瓶编号			标气瓶浓度/ppm		
校准点		开始时间	结束时间	等效浓度	显示值	标定值
					响应浓度	响应浓度
零点	SO₂					
	NO₂					
	O₃					
满量程的80%	SO₂					
	NO₂					
	O₃					
零点漂移/ppb	SO₂					
	NO₂					
	O₃					
跨度漂移/%	SO₂					
	NO₂					
	O₃					
检 查 项 目		正常范围		检查值	异常时处理记录	
光信号强度	测量光强					
	校准光强					
汞灯通道漂移						
斜率（Slope）						
截距（Offset）						
氙灯风扇运转情况						
工控运行情况						

填表人：　　　　　　　　　　　科室负责人：

　　年　　月　　日　　　　　　　　年　　月　　日

kqzd-17 开放光程气体分析仪（   ）多点校准记录表（半年）

监测仪器名称				校准日期			
仪器编号				使用量程/ppb			
标气瓶编号及有效期				标气浓度/ppm			
校准点/%	开始时间	结束时间	标准值	仪器响应浓度			
				响应值	备用记录1	备用记录2	
零点							
满量程的 10%							
满量程的 30%							
满量程的 50%							
满量程的 70%							
满量程的 90%							
多点线性校准结果	斜率 b：		截距 a：		相关系数 r：		

注① 对所获校准曲线的检验指标应符合相关技术标准；

注② 若其中任何一项不满足指标要求，则需对监测分析仪器重新进行调整后，再次进行多点校准，直至取得满意的结果。

填表人：

    年   月   日

科室负责人：

    年   月   日

kqzd-18 开放光程气体分析仪（　　　）监测仪精密度审核记录表

城市名称		点位名称	
仪器型号		标气编号/浓度	
浓度值	量程的20%	量程的80%	
测量次数	1		
	2		
	3		
	4		
	5		
	6		
差值（最大）			
标准偏差值			

填表人：　　　　　　　　　　科室负责人：

　　　年　　月　　日　　　　　　　　年　　月　　日

kqzd-19 开放光程气体分析仪（   ）准确度审核记录表

点位名称				审核日期	
仪器型号及编号				室内温/湿度	
审核时间				标气编号/浓度	
审核过程	零点	20%F.S	40%F.S.	60%F.S.	80%F.S.
标准值（ ）					
仪器响应值（ ）					
仪器百分误差/%	—				
审核结果	相关系数（r）		斜率（b）	截距（a）	
合格	□ 是				□ 否

填表人：   科室负责人：

  　年　　月　　日   年　　月　　日

kqzd-20　环境空气质量自动监测仪器设备预防性检修记录

城市：　　　　　　　　　　　站点：

仪器型号		仪器	
检 查 项 目	正常范围	检修前	检修后
采样压力（Pressure）			
采样流量（Sample Flow）			
斜率（Slope）			
截距（Offset）			
高压电源（H.V.P.S）			
反应室温度 （R Cell Temp.）			
机箱温度（Box Temp.）			
PMT 温度（PMT Temp.）			
预防性检修 发现问题描述			
问题解决过程			
检修后性能测试 结果评价			

填表人：　　　　　　　　　　　　科室负责人：

　　　年　　月　　日　　　　　　　　年　　月　　日

kqzd-21　环境空气自动监测清洗、更换记录

监测 点位	清洗 时间	监测仪器		清洗、更 换项目	有无更换	清洗后仪器 运行状态	操作人员
		型号	编号				

科室负责人：

年　　月　　日

kqzd-22 空气自动监测站监视及质控记录表（每日）

巡检日期		巡检子站	
数据采集、传输、发布情况			
数据异常情况及处理结果			
仪器报警情况及处理结果			
站房环境远程监控情况			
气象			
备注：			

填表人：　　　　　　　　　　科室负责人：

　　年　　月　　日　　　　　　　　　年　　月　　日

kqzd-23 环境空气自动监测质量管理技术体系现场检查评分表

检查地点：

检查日期：

省/自治区/直辖市：

检查人员：

检查内容	检查项目	检查要点	单项分值	得分	评分说明	扣分说明
质量管理技术体系	年度工作计划及报告编制情况	是否编制了环境空气自动监测质量管理年度工作计划及专项总结报告	10		制订了 2015 年辖区内环境空气自动监测质量管理工作计划或 2015 年综合性工作计划包含环境空气自动监测质量管理的内容，得 2 分，否则不得分；计划须以环保厅局或省级环境监测机构的形式下发，得 3 分，否则不得分。编制了 2014 年辖区内环境空气自动监测质量总结报告或综合性工作总结报告包含环境空气自动监测质量管理的内容，得 5 分，否则不得分	
	技术人员上岗证持证情况	省级环境监测机构技术人员是否通过环境空气自动监测系统持证上岗考核	5		若省级监测机构未有运维空气自动站，须持颗粒物手工监测项目的上岗证；若省级监测机构有运维空气自动站，除上述上岗证外，还须持有环境空气自动监测相关项目或空气自动监测系统的上岗证。有以上项目的上岗证，5 分；无上岗证，不得分	
	数据传输与网络化质控系统使用情况	是否安装并应用"国家环境空气监测网数据传输与网络化质控系统"	5		已安装并利用该系统开展辖区内子站的运行监控与数据传输工作，有系统使用记录，得 5 分；已安装该系统，但系统未实际运行，得 2.5 分；未安装上述系统，不得分	

续表

检查内容	检查项目	检查要点	单项分值	得分	评分说明	扣分说明
质量管理技术体系	颗粒物（PM₁₀、PM₂.₅）比对体系	是否开展颗粒物手工比对能力建设	15		环境空气颗粒物自动监测手工比对所需颗粒物采样器（2台）、天平、恒温恒湿间（含）、滤膜、标准流量计、标准温度计、标准气压计等关键设备或耗材均已具备，得15分；缺一项扣3分，扣完为止。天平、流量计、温度计、气压计及气压计等设备须经过检定，上述四项设备每有一项未检定，扣1分；根据"大气十条"对环境空气颗粒物自动监测考核要求，判定上述仪器设备性能是否满足相应工作条件	
		是否依据相关规定开展比对工作	10		一个自然年内，已开展比对工作，且有完善的比对计划、比对原始记录与报告，得10分；上述材料缺一项，扣3分，扣完为止。	
	O₃量值溯源与传递体系	是否具备O₃量值溯源与传递的硬件条件	5		臭氧校准仪、零气发生器等设备均已配置，得5分；无上述设备，不得分	
		是否定期向国家一级标准开展溯源工作	10		一个自然年内，开展了向O₃上一级别标准的溯源工作并取得证明文件，且在有效期内，得10分；一个自然年内，未开展溯源工作，或无相关溯源证明，不得分	
		是否定期向市级站开展O₃量值传递工作	10		一个自然年内，采用溯源有效期内的臭氧校准仪开展值传递工作，原始记录及工作报告等材料齐全，得10分，记录与报告缺一项，扣5分；未开展相关传递工作或无上述记录及报告，不得分	

续表

检查内容	检查项目	检查要点	单项分值	得分	评分说明	扣分说明
	其它气态污染物（SO_2、NO_2、CO）数据质量监督体系	是否定期组织针对其它气态污染物的盲样考核或准确度审核	10		一个自然年内，已开展盲样考核或准确度审核工作，有工作原始记录与考核报告，得10分，原始记录与考核报告缺一项，扣5分；未开展相关工作，或无原始记录及报告，不得分	
	自动站运维情况检查	是否开展针对环境空气自动监测站运维情况等的专项检查工作	5		一个自然年内，若相关检查工作的原始记录齐全，得5分，原始记录及报告缺一项，扣2.5分；未开展检查，或无相关检查记录及报告，不得分	
质量管理技术体系	质量监督覆盖率*活动情况	2014年度在辖区内开展针对环境空气自动监测专项质量监督活动的覆盖率	10		一个自然年内，已开展相关质量监督活动，覆盖率50%(含)以上，得10分；已开展，覆盖率30%(含)至50%，得8分；覆盖率30%以下，得6分；未开展相关活动，不得分	
	自查自纠情况	是否开展自查自纠工作；自查自纠工作中发现的问题是否已整改	5		已开展自查工作，且有工作报告，得2分；无工作报告，不得分。交叉检查中发现的问题，若自查工作中已发现，且制订了科学可行的措施，得3分；若未制订可行的措施，得1分；自查工作未发现问题，交叉检查也未发现问题，得3分	
合计			100			

注：质量监督活动包括颗粒物比对、O_3量值溯源与传递、其它气态污染物盲样考核或准确度审核以及子站运维情况核查等工作；质量监督活动覆盖率或点位覆盖率指监督活动覆盖城市数量或点位数量占总点位数量的百分比；直辖市覆盖率指监督活动覆盖点位数量占总点位数量的百分比；省、自治区的覆盖率指监督活动覆盖地级市数量占总地级市数量的百分比。

kqzd-24 环境空气自动监测质量现场检查评分表

站点所在地：_____省/自治区/直辖市 _____市 _____县（区）

监测子站名称：_____

仪器型号：SO₂:_____ NO$_x$:_____ O₃:_____ CO:_____ PM₁₀:_____ PM₂.₅:_____

仪器品牌：SO₂:_____ NO$_x$:_____ O₃:_____ CO:_____ PM₁₀:_____ PM₂.₅:_____

运维单位：SO₂:_____ NO$_x$:_____ O₃:_____ CO:_____ PM₁₀:_____ PM₂.₅:_____

投入时间：SO₂:_____ NO$_x$:_____ O₃:_____ CO:_____ PM₁₀:_____ PM₂.₅:_____

检查日期：_____ 检查人员：_____

检查内容	检查项目	检查要点	单项分值	得分	评分说明
1. 监测点位一致性（5分）	点位与名称（5分）	a）监测点位的经纬度和名称是否与国家和省厅批复经纬度名称一致	5		1）带 GPS 仪现场实测经纬度，实测与国家和省厅批复不一致的，扣 5 分； 2）上报点位名称与批复不一致的，扣 3 分；扣完为止
2. 站房与人员情况（7分）	站房要求与人员持证（7分）	a）站房温度是否控制在 25±5℃，相对湿度控制在 80%以下	2		站房需配有温湿度计，且观测到的室内温湿度满足要求。若温度超出范围，扣 1 分；若湿度超出范围，扣 1 分；未配温湿度计的，直接扣 2 分
		b）防水、防雷、供电是否满足《规范》（注①）要求	3		1）防水：站房无漏雨，站房底层应高于支撑楼面，不符合的，扣 1 分； 2）防雷：包括有避雷针接地、电源雷、网络雷，不符合的，扣 1 分； 3）供电：仪器用电需配有稳压器，否则扣 1 分；扣完为止
		c）自动站运维人员是否各持证上岗	2		检查现场运维人员的上岗证，发现有一人无上岗证的扣 0.5 分，扣完为止

续表

检查内容	检查项目	检查要点	单项分值	得分	评分说明
3. 采样系统的规范性（22分）	1）采样口设置（3分）	a）采样口距地面的高度是否满足3～25 m的要求	1		不能满足要求的，扣1分
		b）采样口周围水平面是否有270°以上的捕集空间；如果采样口一边靠近建筑物，采样口周围水平面应有180°以上的自由空间；50 m范围内无明显污染源	2		任意一项不满足要求的，扣1分，扣完为止
	2）采样单元设置（19分）	a）气体采样总管和采样支管材质是否满足《规范》（注①）要求，即：对于总管，选用聚四氟乙烯或硼硅酸盐玻璃材料；对于采样支管，选用聚四氟乙烯材料	2		1）采样总管材质不满足要求的，扣1分； 2）采样支管材质不满足要求的，扣1分
		b）气态污染物采样总管是否竖直安装，采样口到站房顶部是否为直距离是否大于1 m，内径是否为1.5 cm～15 cm，各支管接头之间隔是否大于8 cm	4		任一项不满足要求的，扣1分，扣完为止
		c）气态污染物采样支管是否插入采样总管的中心，监测仪器与支管接头连接的管线长度是否小于3 m	2		1）采样支管未插入总管中心的，扣1分； 2）支管长度大于3m的，扣1分

检查内容	检查项目	检查要点	单项分值	得分	评分说明
3. 采样系统的规范性（22分）		d）气体采样系统清洁程度：采样头、采样管道是否清洁，有无积灰、积水或障碍物，采样风机是否正常工作	3		1）采样头、采样管内壁脏污，扣1分； 2）采样风机不能正常工作的，扣2分； 扣完为止
	2）采样单元设置（19分）	e）气态污染物采样总管是否有加热装置，加热温度是否控制在30～50℃，是否避免被空调直吹。若采样用不带加热系统的聚四氟乙烯或带硼硅酸盐玻璃采样总管的，则其室内部分需加保温套	4		1）采样总管需加热的，而无加热系统或加热系统故障的，扣1分； 2）采样总管不需加热的，未加保温套的，扣1分； 3）采样管路被空调直吹的，扣1分； 扣完为止
		f）颗粒物采样管：采样口到站房顶部垂直距离是否大于1m，是否垂直接入仪器，是否被空调直吹、室内部分是否加保温套，采样头是否清洁	4		1）采样头到站房顶部垂直距离不符合要求的，扣1分； 2）与其他采样口之间的水平距离不符合要求的，扣1分； 3）室内采样用软管与仪器连接的，扣1分； 4）因受站房面积影响，采样管未能避免空调直吹且未加保温套的，扣1分； 5）采样头有较多积灰的，扣1分； 扣完为止

续表

检查内容	检查项目	检查要点	单项分值	得分	评分说明
4. 测试的准确性（35分）	1）仪器性能（6分）	a）颗粒物 K 值（标准回归斜率）：_____ 或 K_0 值（TEOM 法）：_____，是否与仪器说明书一致	3		1）查 K 值或 K_0 值，K_0 /K 值与原始值不符且不能提供相应校准依据，扣 3 分； 2）若仪器菜单无修正系数 K 设置的，直接得 3 分
		b）采用模拟量输出的，各通道参数（斜率、截距、量程等）的设置是否正确	2		1）任一项目的监测仪器模拟传输通道参数设置与说明书不符合的，扣 2 分； 2）采用了数字口输出的，直接得 2 分
		c）仪器性能：仪器是否出现报警	1		仪器有报警现象，扣 1 分（若是停电重启的报警，不扣分）
	2）现场测试（29分）	a）动态校准仪质量流量控制器（MFC）单点流量测试（要求相对误差≤±5%，标准流量计的读数应转换成质量流量后计算误差）： 零气 MFC 流量：_____ L/min 标准气流量计测值：_____ L/min，相对误差_____% 标气 MFC 流量：_____ mL/min 标准气流量计测值：_____ mL/min，相对误差_____%	6		1）零气流量误差超出±5%的，扣 3 分； 2）标气流量误差超出±5%的，扣 3 分

续表

检查内容	检查项目	检查要点	单项分值	得分	评分说明
4. 测试的准确性（35 分）	2）现场测试（29 分）	b）气态污染物采样流量测试（要求相对误差≤±10%）： SO_2 显示流量：_____ L/min，标准流量计测值：_____ L/min，相对误差 _____ %； NO_x 显示流量：_____ L/min，标准流量计测值：_____ L/min，相对误差 _____ %； CO 显示流量：_____ L/min，标准流量计测值：_____ L/min，相对误差 _____ %； O_3 显示流量：_____ L/min，标准流量计测值：_____ L/min，相对误差 _____ %	2		任一项误差超出±10%的，扣 0.5 分
		c）颗粒物采样总流量测试（要求相对误差≤±5%）： PM_{10}：设计值 16.7 L/min，标准流量计测值：_____ L/min，相对误差 _____ % $PM_{2.5}$：设计值 16.7 L/min，标准流量计测值：_____ L/min，相对误差 _____ %	6		1）PM_{10} 流量误差超出±5%的，扣 3 分； 2）$PM_{2.5}$ 流量误差超出±5%的，扣 3 分

检查内容	检查项目	检查要点	单项分值	得分	评分说明
4. 测试的准确性（35分）	2) 现场测试（29分）	d) 用考核组带去的钢瓶标气输出 SO_2 跨度气体通入采样管总管供子站分析仪测试：SO_2 标气稀释输出浓度：_____ ppb，浓度误差（要求相对误差≤±10%）：_____ 响应时间 $t90$：_____ min	3		进行跨度测试，并测试响应时间：1) 浓度误差超出±10%的，扣 3 分；2) $t90>5$ min，扣 1 分；扣完为止
		e) 用考核组带去的钢瓶标气输出 NO 跨度气体通入采样管总管供子站分析仪测试：NO 标气稀释输出浓度：_____ ppb，浓度误差（要求相对误差≤±10%）：_____ 响应时间 $t90$：_____ min	3		进行跨度测试，并测试响应时间：1) 浓度误差超出±10%的，扣 3 分；2) $t90>5$min，扣 1 分；扣完为止
		f) 用考核组带去的钢瓶标气输出 CO 跨度气体通入采样总管供子站分析仪测试：CO 标气稀释输出浓度：_____ ppm，浓度误差（要求相对误差≤±10%）：_____ 响应时间 $t90$：_____ min	3		进行跨度测试，并测试响应时间：1) 浓度误差超出±10%的，扣 3 分；2) $t90>5$min，扣 1 分；扣完为止
		g) 用考核组带去的臭氧校准仪输出 O_3 跨度气体通入采样管总管供子站分析仪测试：O_3 标气稀释输出浓度：_____ ppm，浓度误差（要求相对误差≤±10%）：_____ 响应时间 $t90$：_____ min	3		进行跨度测试，并测试响应时间：1) 浓度误差超出±10%的，扣 3 分；2) $t90>5$ min，扣 1 分；扣完为止
		现场臭氧工作标准是否经过量值溯源	3		检查 O_3 溯源报告，要求每年至少溯源一次，否则扣 2 分

续表

检查内容	检查项目	检查要点	单项分值	得分	评分说明
5. 数据的可靠性与相符性（18分）	1）数据比对（10分）	①一次仪表数据；②采仪采集数据；③中心站原始数据库数据；④上报国家数据是否一致	10		1）①、②、③须一致，否则扣8分； 2）④与①、②、③不一致，据随意删改数据的，扣10分； 3）若被检查单位不能提供原始数据库文件的，直接扣10分，扣完为止
	2）数据采集与传输（2分）	子站是否采集、处理及存储监测数据，向中心站计算机定时或实时传输数据	2		任一功能不满足，扣2分；扣完为止
	3）数据异常值处理（4分）	监测数据异常值的取舍，仪器漂移时数据无效判定是否符合《规范》（注①）要求	4		数据作了修改的，需提供数据取舍依据，随意删改数据的，扣2分
	4）数据审核（2分）	空气自动站监测数据报出是否按报表要求进行统计、填写、报送	2		未按要求开展数据审核工作的，扣2分
6. 监测档案的完整性（13分）	监测档案（13分）	a）按规定对设备巡检维护，填写巡检记录	1		无巡检记录的，扣1分
		b）用于校准的设备（流量计、温度计、大气压计）是否每年通过国家计量检定、标准气体是否在有效期内使用	2		1）未按要求送检流量计、温度计和大气压计，无检定报告的，每项扣1分； 2）钢瓶气无标签或过期使用的，扣1分； 3）未配置校准设备的，直接扣2分；扣完为止

续表

检查内容	检查项目	检查要点	单项分值	得分	评分说明
6. 监测档案的完整性（13分）	监测档案检查（13分）	c）气态监测项目质控校准记录（包括零跨、精度、多点校准）	2		1）校准基本要求：零跨、多点校准 1 次/季度，精度 1 次/5～7 天，1 次/半年； 2）缺 1 项记录扣 0.5 分，扣完为止； 3）若发现存在伪造校准记录的，直接扣 2 分
		d）颗粒物质控校准记录（包括流量、质量传感器/标准膜、温度和压力校准）	2		1）校准基本要求：流量 1 次/半年，其他 1 次/年； 2）PM_{10} 和 $PM_{2.5}$ 缺 1 项记录扣 0.5 分，扣完为止； 2）若发现存在伪造校准记录的，直接扣 2 分
		e）动态校准仪质量流量控制器多点校准记录	2		至少 1 次/半年，否则扣 2 分
		f）标气使用记录	1		巡检时需检查和记录标准气的消耗情况，若无记录，扣 1 分
		g）气态项目采样管总清洁记录、颗粒物切割头清洁、采样管清洁记录、设备维修记录、耗品耗材更换记录	2		检查记录，缺 1 项扣 0.5 分，扣完为止
		h）中心站值班记录	1		无值班记录的，扣 1 分

注：① 《规范》：指环境空气气态污染物（SO_2、NO_2、O_3、CO）连续自动监测系统技术要求及检测方法（HJ 654—2013）、环境空气气态污染物（SO_2、NO_2、O_3、CO）连续自动监测系统安装验收技术规范（HJ 193—2013）、环境空气颗粒物（PM_{10} 和 $PM_{2.5}$）连续自动监测系统安装和验收技术规范（HJ 655—2013）等；② 《标准》：指《环境空气质量标准》（GB 3095—2012）。

kqzd-25 环境空气自动监测质量现场检查评分表（以长光程仪器为基本配置）

站点所在地：————省/自治区/直辖市 ————市 ————县（区）

仪器型号：长光程仪器（SO_2、NO_2、O_3）：———— CO：———— PM_{10}：———— $PM_{2.5}$：————

仪器品牌：长光程仪器（SO_2、NO_2、O_3）：———— CO：———— PM_{10}：———— $PM_{2.5}$：————

运维单位：长光程仪器（SO_2、NO_2、O_3）：———— CO：———— PM_{10}：———— $PM_{2.5}$：————

投入时间：长光程仪器（SO_2、NO_2、O_3）：———— CO：———— PM_{10}：———— $PM_{2.5}$：————

监测子站名称：————

检查日期：————   检查人员：————

检查内容	检查项目	检查要点	单项分值	得分	评分说明	扣分说明
1. 监测点位一致性（5分）	点位与名称（5分）	a）监测点位的经纬度和名称是否与国家和省厅批复经纬度一致	5		1）带 GPS 仪现场实测经纬度，实测与国家和省厅批复不一致的，扣 5 分； 2）上报点位名称与批复不一致的，扣 3 分；扣完为止	
2. 站房与人员情况（7分）	站房要求与人员持证（7分）	a）站房温度是否控制在 25±5 ℃，相对湿度控制在 80%以下	2		站房需配有空调和温湿度计，且观测到室内温湿度超出范围。若湿度超出范围，扣 1 分；未配空调或温湿度计的，直接扣 2 分	
		b）防水、防雷、供电是否满足《规范》（注①）要求	3		1）防水：站房无漏雨，站房底层应高于支撑楼面，不符合的，扣 1 分； 2）防雷：包括有避雷针接地、电源防雷、网络防雷，不符合的，扣 1 分； 3）供电：仪器用电需配有稳压器，否则扣 1 分；扣完为止	

续表

检查内容	检查项目	检查要点	单项分值	得分	评分说明	扣分说明
2. 站房与人员情况（7分）	站房要求与人员持证（7分）	c）自动站运维人员是否持证上岗	2		检查现场运维人员的上岗证，发现有一人无上岗证的，扣0.5分，扣完为止	
3. 采样系统的规范性（19分）	1）采样口设置（7分）	a）采样口距地面的高度是否满足 3～25 m 的要求 b）长光程仪器接收端的高度是否满足 3～25 m 的要求	2		任意一项不能满足要求的，扣1分，扣完为止	
		c）采样口周围水平面是否有 270°以上的捕集空间；如果采样口一边靠近建筑物，采样口周围水平面应当有 180°以上的自由空间；50 m 范围内无明显污染源 d）长光程仪器发射、接收端的光束是否受周围树木摆动影响 e）仪器的发射、接收端（反射端）应在同一条直线上，与水平面之间俯仰角不超过 15。 f）长光程仪器从发射端到反射镜的距离在 100～400 m 之间 g）是否安放在混凝土或实心砖基座上，基座是否建在受环境变化影响不大的建筑物主承重混凝土结构上，安放基座周围是否有震动源。	5		任意一项不满足要求的，扣1分，扣完为止	

续表

检查内容	检查项目	检查要点	单项分值	得分	评分说明	扣分说明
3. 采样系统的规范性（19分）	2）采样单元设置（12分）	a）CO气体采样管材质是否满足《规范》（注①要求，即：选用聚四氟乙烯材料或不与CO发生化学反应和不释放有干扰物质的材料	2		不满足要求的，扣2分	
		b）CO采样总管是否竖直安装，采样口到站房顶部垂直距离是否大于1m，	2		不满足要求的，扣2分	
		c）CO气体采样清洁程度：采样头、采样管是否清洁，有无积灰，积水或堵塞物。	3		1）采样头、采样管内壁脏污，扣1分；2）有积水或堵塞物，扣2分	
		d）颗粒物采样管：采样口到站房顶部垂直距离是否大于1m，与其他采样口之间的水平距离是否大于1m，是否垂直接入仪器，室内部分是否避免被空调直吹，采样头是否加保温套，采样头是否清洁	5		1）采样口到站房顶部垂直距离不符合要求的，扣1分；2）与其他采样口之间水平距离不符合要求的，扣1分；3）室内采样软管与仪器连接的，扣1分；4）因受站房面积影响，采样管未能避免空调直吹的，扣1分；5）采样头有较多积灰的，扣1分；扣完为止	

续表

检查内容	检查项目	检查要点	单项分值	得分	评分说明	扣分说明
4. 测试的准确性（38 分）	1）仪器性能（9 分）	a）颗粒物 K 值（标准回归斜率）：_____，是否与仪器说明书一致 或 K_0 值（TEOM 法）：_____，是否与仪器说明书一致	3		1）查 K 值或 K_0 值，K_0 值与原始值不符且不能提供相应校准依据，扣 3 分；2）若仪器菜单无修正系数 K 设置的，直接得 3 分	
		b）采用模拟量输出的，各通道参数（斜率、截距、量程等）的设置是否正确	2		1）任一项目的监测仪器模拟传输通道参数设置与说明书不符合的，扣 2 分；2）采用了数字口输出的，直接得 2 分	
		c）仪器性能：仪器是否出现报警	1		仪器有报警现象，扣 1 分（若是停电重启的报警，不扣分）	
		d）长光程等效校准装置至少配备 4 种不同长度的校准池，校准池材质高透过率透过率高紫外透用紫外透过率高的校准池材质。标定架应连接牢固。发射装置应连接牢固。	2		1）长光程等效校准装置至少配备不足 4 种不同长度的校准池，扣 1 分；2）校准池材质不满足高紫外透过率要求的，扣 0.5 分；3）标定架与光源发射装置连接不牢固的，扣 0.5 分	

续表

检查内容	检查项目	检查要点	单项分值	得分	评分说明	扣分说明
4. 测试的准确性（38分）	1）仪器性能（9分）	e）光程大于等于200 m，光程误差不超过±3 m，小于200 m，光程误差不超过±1.5%。	1		任一项不满足要求扣1分	
	2）现场测试（29分）	a）动态校准仪质量流量控制器（MFC）单点流量测试（要求相对误差≤±5%，标准流量应换算成质量流量后计算误差）： 零气 MFC 流量： 标准流量计测值：_____ L/min 标气 MFC 流量： 标准流量计测值：_____ mL/min，相对误差 _____% 标准流量计测值：_____ mL/min，相对误差 _____%	6		1）零气流量误差超出±5%的，扣3分； 2）标气流量误差超出±5%的，扣3分	
		b）气态污染物采样流量测试（要求相对误差≤±10%）： CO 显示流量：_____ L/min， 标准流量计测值：_____ L/min，相对误差 _____%	2		任一项超出，扣0.5分，扣完为止	
		c）颗粒物采样总流量测试（要求相对误差≤±5%）： PM_{10}：设计值 16.7 L/min 标准流量计测值：_____ L/min，相对误差 _____% $PM_{2.5}$：设计值 16.7 L/min 标准流量计测值：_____ L/min，相对误差 _____%	6		1）PM_{10} 流量误差超出±5%的，扣3分； 2）$PM_{2.5}$ 流量误差超出±5%的，扣3分	

续表

检查内容	检查项目	检查要点	单项分值	得分	评分说明	扣分说明
4. 测试的准确性（38分）	2）现场测试（29分）	d）用考核组带去的钢瓶标气输出 SO_2 跨度气体通入校准光池对子站分析仪测试：SO_2 标气通入校准光池后计算等效浓度 _____ppb，仪器响应浓度 _____%（要求相对误差≤±10%）响应时间 $t90/t10$：_____min	3		进行跨度测试，并测试响应时间：1）浓度误差超出±10%的，扣2分；2）$t90>5min$ 或 $t10>5min$，扣1分扣完为止	
		e）用考核组带去的钢瓶标气输出 NO_2 跨度气体通入校准光池对子站分析仪测试：NO_2 标气通入校准光池后计算等效浓度 _____ppb，仪器响应浓度 _____%（要求相对误差≤10%）响应时间 $t90/t10$：_____min	3		进行跨度测试，并测试响应时间：1）浓度误差超出±10%的，扣2分；2）$t90>5min$ 或 $t10>5min$，扣1分，扣完为止	
		f）用考核组带去的钢瓶标气输出 CO 跨度气体通入采样总管供子站分析仪测试：CO 标气稀释输出浓度 _____ppm，仪器输出浓度 _____ppm，浓度误差 _____%（要求相对误差≤10%）响应时间 $t90$：_____min	3		进行跨度测试，并测试响应时间：1）浓度误差超出±10%的，扣2分；2）$t90>5min$，扣1分；扣完为止	

续表

检查内容	检查项目	检查要点	单项分值	得分	评分说明	扣分说明
4. 测试的准确性（38分）	2）现场测试（29分）	g）用臭氧校准仪输出 O_3 跨度气体通入校准光池对子站分析仪测试：O_3 标气通入校准光池后计算等效浓度 ___ ppb，仪器响应浓度 ___%（要求相对误差≤±10%）响应时间 $t90/t10$: ___ min	3		进行跨度测试，并测试响应时间：1）浓度误差超出±10%的，扣2分；2）$t90>5$ min 或 $t10>5$ min，扣1分；扣完为止	
		h）现场臭氧工作标准是否经过量值溯源	3		检查 O_3 溯源报告，要求每年至少溯源一次，否则扣3分	
5. 数据的可靠性与相符性（18分）	1）数据比对（10分）	①一次仪表数据；②数采仪采集数据；③中心站原始数据库数据；④上报国家数据库数据是否一致	10		1）①、②、③须一致，否则扣8分；2）④与①、②、③不一致，扣10分；3）若被检查单位不能提供原始数据库数据文件的，直接扣10分；扣完为止	1）无依据随意删改数据的，扣10分；

续表

检查内容	检查项目	检查要点	单项分值	得分	评分说明	扣分说明
5. 数据的可靠性与相符性（18分）	2）数据采集与传输（2分）	子站是否采集、处理及存储监测数据，向中心计算机定时或实时传输数据	2		任一功能不满足，扣2分，扣完为止	
	3）数据异常值处理（4分）	监测数据异常值的取舍、仪器票移时数据无效判定是否符合《规范》（注①）要求	4		数据作了修改的，需提供数据取舍依据，随意删改数据的，扣4分	
	4）数据审核（2分）	空气自动站监测数据报出是否按报表要求进行统计、填写、报送	2		未按要求实名制注册的，扣1分；无数据审核记录的，扣1分	
6. 监测档案的完整性（13分）	监测档案检查（13分）	a）按规定对设备巡检维护，填写巡检记录（包括光强检查记录）	1		无巡检光强检查记录（包括光强检查记录）的，扣1分	
		b）用于校准的设备（流量计、温度计、大气压计）是否每年通过国家计量检定，标准气体是否在有效期内使用	2		1）未按要求送检流量计、湿度计和大气压计，无检定报告的，每项扣1分；2）钢瓶气无标签或过期使用的，扣1分；3）未配置校准设备的，直接扣2分；扣完为止	
		c）气态污染物监测项目质控校准记录（包括零跨、精度、多点校准）	2		1）校准基本要求：零跨1次/5~7天，精度1次/季度，多点1次/半年；2）缺1项记录扣0.5分，扣完为止；3）若发现存在伪造校准记录的，直接扣2分	

续表

检查内容	检查项目	检查要点	单项分值	得分	评分说明	扣分说明
6. 监测档案的完整性（13分）	监测档案检查（13分）	d）颗粒物质控校准记录（包括流量、质量传感器/标准膜、温度和压力校准）	2		1）校准基本要求：流量1次/半年，其他1次/年；PM$_{10}$和PM$_{2.5}$缺1项记录扣0.5分，扣完为止 2）若发现存在伪造校准记录的，直接扣2分	
		e）动态校准仪质量流量控制器多点校准记录	2		至少1次/半年，否则扣2分	
		f）标气使用记录	1		巡检时需检查和记录标气的消耗情况，若无记录，扣1分	
		g）气态项目采样总管清洁记录、颗粒物切割头清洁、采样管清洁记录、设备维修记录、耗材耗材更换记录	2		检查记录，缺1项扣0.5分，扣完为止	
		h）中心站值班记录	1		无值班记录的，扣1分	

注：①《规范》：指环境空气气态污染物（SO$_2$、NO$_2$、O$_3$、CO）连续自动监测系统技术要求及检测方法（HJ 654—2013）、环境空气气态污染物（SO$_2$、NO$_2$、O$_3$、CO）连续自动监测系统安装验收技术规范（HJ 193—2013）、环境空气颗粒物（PM$_{10}$和PM$_{2.5}$）连续自动监测方法（HJ 653—2013）、环境空气颗粒物（PM$_{10}$和PM$_{2.5}$）连续自动监测系统安装和验收技术规范（HJ 655—2013）等；②《标准》：指《环境空气质量标准》（GB3095—2012）。

kqzd-26　四川省省级环境空气质量自动监测系统子站选址审查表

<table>
<tr><td rowspan="9">选址情况</td><td>监测子站名称（以子站所在街道门牌号命名）</td><td colspan="3"></td></tr>
<tr><td>监测子站地址</td><td colspan="3"></td></tr>
<tr><td>监测子站经纬度</td><td colspan="3"></td></tr>
<tr><td>监测子站高度</td><td colspan="3"></td></tr>
<tr><td>建设单位</td><td colspan="3"></td></tr>
<tr><td>通讯地址</td><td colspan="3"></td></tr>
<tr><td>联系人</td><td></td><td>电话</td><td></td></tr>
<tr><td>邮编</td><td></td><td>选址时间</td><td></td></tr>
<tr><td colspan="4">选址情况简述：
　　该空气自动监测子站点位按照《四川省（省控）城市环境空气质量自动监测系统选点技术要求》以及国家相关标准为依据，并编制完成《监测子站选址报告》。

单位意见：

　　　　　　　　　　　　　负责人（签章）：　　　　年　　　月　　　日</td></tr>
<tr><td rowspan="2">上一级环境保护行政主管部门</td><td colspan="4">审查意见：

　　　　　　　　　　　　　负责人（签章）：　　　　年　　　月　　　日</td></tr>
</table>

kqzd-27 四川省省级环境空气质量自动监测系统子站选址报告（样本）

××环境监测站

二〇 年 月 日

说　明

（1）本报告为建设、管理单位申请空气自动监测子站竣工验收的必备材料之一，由建设单位编制。

（2）对于选址内容超出本报告范围的，可自行增加表格、图片或另加附页补充说明。

（3）封面页建设单位须加盖公章。

一、项目背景

二、项目依据

三、点位选址原则及方法

四、地域概况

（1）地貌特征

（2）经济概况

（3）气象条件（包括基本气候特征、主导风向和季节环流）

出图包括风频玫瑰图和风速玫瑰图。

＊＊＊

图　风频玫瑰图和风速玫瑰图

五、具体点位筛选

（1）备选点位

具体描述各备选点位的选点位置（地址、经纬度、海拔）、选点周边情况、局地污染源、后勤条件（交通、电力、网络等基础设施条件）。

出图包括选点地理位置图、周边环境实物图（站点周边 8 个方位的周边环境照片）、150 米范围内实地调查图、1 公里、5 公里范围内实地调查图。

（2）备选点位比较

六、总结

站点实地调查图 1　　　省市地区：<u>四川省</u><u>　　</u>市　　点位名称：<u>　　　　　　　　　　</u>

站点尺度（5～150 米）　地址：<u>　　　　　　　　</u>　　经度：<u>　　</u>维度：<u>　　</u>海拔高度：<u>　</u>米

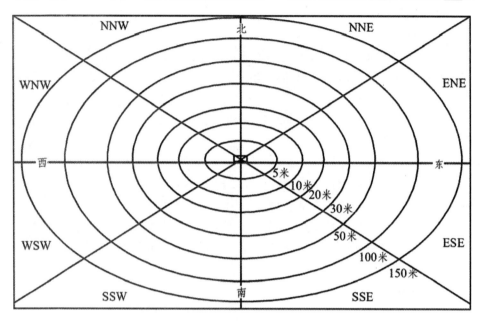

绘图时间：<u>20</u>　年<u>　</u>月<u>　</u>日<u>　</u>时　　　　　绘图作者：<u>　　　　　　</u>

站点实地调查图2　　　　省市地区：<u>四川省</u>　点位名称：_____

站点尺度（150米~.1公里）地址：_____　经度：___维度：___海拔高度：___米

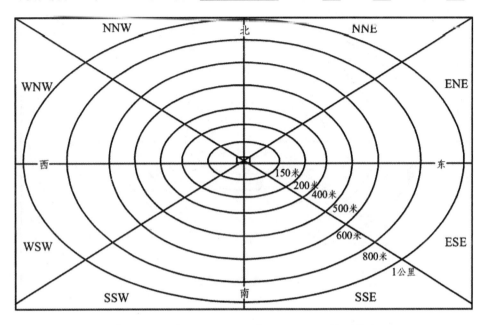

绘图时间：<u>20</u>__年__月__日__时　　　　绘图作者：_____

站点实地调查图1　　　省市地区：<u>四川省</u>____市　　点位名称：_____

站点尺度(1～5公里)　地址：_____　　经度：____维度：____海拔高度：____米

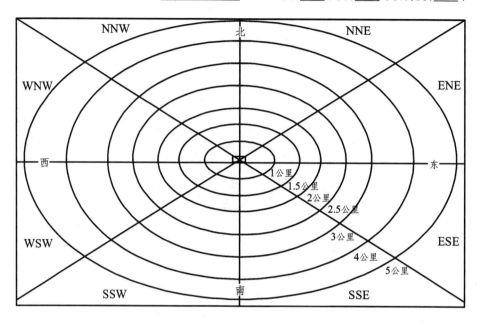

绘图时间：<u>20</u>__年__月__日__时　　　　绘图作者：_____

kqzd-28　四川省省级环境空气质量自动监测系统子站建设验收审查表

<table>
<tr><td rowspan="7">建设
情况</td><td colspan="2">项目名称</td><td></td><td></td><td></td></tr>
<tr><td colspan="2">选址批复时间</td><td></td><td>建设起止时间</td><td></td></tr>
<tr><td colspan="2">试运行起止时间</td><td></td><td>联网完成时间</td><td></td></tr>
<tr><td colspan="2">联系人</td><td></td><td>电话</td><td></td></tr>
<tr><td colspan="2">通讯地址</td><td></td><td>邮编</td><td></td></tr>
<tr><td colspan="5">验收申请条件简述：

　　该空气自动监测子站项目监测系统经过安装检测、单机测试、系统联机调试、60 天运行考核检验系统运行正常，具备完整的自动监测系统技术档案和完整的检测原始记录，满足相关技术要求。
　　附：《监测子站选址审查表》《监测子站建设验收报告》。</td></tr>
<tr><td colspan="5">单位意见：

　　　　　　　　　　　　负责人（签章）：　　　　年　　月　　日</td></tr>
<tr><td>上级
环境
保护
主管
行政
部门</td><td colspan="4">审查意见：

　　　　　　　　　　　　负责人（签章）：　　　　年　　月　　日</td></tr>
<tr><td>省环
境保
护厅</td><td colspan="4">批复意见：

　　　　　　　　　　　　负责人（签章）：　　　　年　　月　　日</td></tr>
</table>

附：

监测子站验收总体评判表

_____ 市（州）环境保护　　　　　（公章）

内容	评判要点	是否满足	备注
点位设置	进行点位多点位优化比选论证		
	编制《选址报告》		
	报上一级环境保护主管部门批复、省厅备案		
	《四川省（省控）城市环境空气质量自动监测系统选点技术要求》：		
	1. 点位数量及位置		
	（1）每个城市设点 1 个，点位位于各城市的建成区内		
	（2）具备污染特征和污染水平代表性，污染物浓度水平应代表所在城市建成区污染物浓度的区域总体平均值		
	（3）具备时间和空间的代表性，能够反映整个城市的主要环境空气质量现状及变化趋势，同时结合城市规划考虑监测点的布设，使其兼顾未来城市发展的需要		
	（4）具有可操作性，具备满足站房建设、设备安装的环境条件和稳定可靠的电力供应，通信线路容易安装和检修		
	2. 采样高度		
	（1）采样口或监测光束离地面的高度应在 3～15 m 范围内		
	（2）在保证监测点具有空间代表性的前提下，若所选点位周围半径 300～500 m 范围内建筑物平均高度在 20 m 以上，无法按满足第一条的高度要求设置时，其采样口高度可以在 15～25 m 范围内选取		
	3. 采样口及测试光路设置		
	（1）采样口周围水平面应保证 270°以上的捕集空间，如果采样口一边靠近建筑物，采样口周围水平面应有 180°以上的自由空间		
	（2）在建筑物上安装监测仪器时，监测仪器的采样口离建筑物墙壁、屋顶等支撑物表面的距离应大于 1 米		
	（3）当某监测点需设置多个采样口时，为防止其他采样口干扰颗粒物样品的采集，颗粒物采样口与其他采样口之间的直线距离应大于 1 m。若使用大流量总悬浮颗粒物（TSP）采样装置进行并行监测，其他采样口与颗粒物采样口的直线距离应大于 2 m		

内容	评判要点	是否满足	备注
点位设置	（4）开放光程监测仪器的监测光程长度的测绘误差应在±3 m 内（当监测光程长度小于 200 m 时，光程长度的测绘误差应小于实际光程的⊥1.5%）		
	（5）开放光程监测仪器发射端到接收端之间的监测光束仰角不应超过 15°		
	4. 点位周边的环境条件		
	（1）监测点周围环境状况相对稳定，安全和防火措施有保障		
	（2）监测点附近无强大的电磁干扰，周围有稳定可靠的电力供应，通信线路容易安装和检修		
	（3）点式监测仪器采样口周围，监测光束附近或开放光程监测仪器发射光源到监测光束接收端之间不能有阻碍环境空气流通的高大建筑物、树木或其他障碍物。从采样口或监测光束到附近最高障碍物之间的水平距离,应为该障碍物与采样口或监测光束高度差的两倍以上		
	（4）监测点周围 50 m 范围内不应有污染源，应避免车辆尾气或其他污染源直接对监测结果产生干扰,点式仪器采样口与道路之间最小间隔距离应按规定要求确定		
	（5）使用开放光程监测仪器进行空气质量监测时，在监测光束能完全通过的情况下，允许监测光束从日平均机动车流量少于 10 000 辆的道路上空、对监测结果影响不大的小污染源和少量未达到间隔距离要求的树木或建筑物上空穿过,穿过的合计距离,不能超过监测光束总光程长度的 10%		
	（6）监测点地质条件应当在相当长的时间内保持稳定，不会出现土地塌陷、空洞现象，不在地势低注、容易积水的位置		
	（7）选址处城市主导气流不受阻碍，点位主导风向与城市主导风向最大偏离小于 45°		
仪器性能	《四川省（省控）环境空气质量自动监测系统仪器设备主要技术指标》：		
	1. 二氧化硫分析仪		
	（1）分析方法：紫外荧光法或差分吸收光谱法（DOAS 法）		
	（2）最低检测限：≤1ppb（设置 60 s 时间）		
	（3）校准：具有自动校零、校跨（紫外荧光法）功能，仪器状态自动实时监控、诊断功能，手动远离距仪器校准、状态监控、诊断功能		

内容	评判要点	是否满足	备注
仪器性能	（4）查询显示：监测数据实时显示功能，仪器状态实时参数与理论参数的比较显示功能。操作界面为中文界面或中、英文可选界面		
	（5）要求仪器稳定可靠、精度高，通过环境保护部监测仪器设备质量监督检验中心的适用性测试		
	（6）附有单机和系统的中文安装说明书及使用说明书（包括软件说明书）		
	（7）附有中文装箱单及相关质量、技术管理机构对仪器各项技术指标的认证依据		
	2. 氮氧化物分析仪		
	（1）分析方法：化学发光法或差分吸收光谱法（DOAS 法）		
	（2）最低检测限：≤1 ppb		
	（3）校准：具有自动校零、校跨（化学发光法）功能，仪器状态自动实时监控、诊断功能，手动远离距仪器校准、状态监控、诊断功能		
	（4）查询显示：监测数据实时显示功能，仪器状态实时参数与理论参数的比较显示功能。操作界面为中文界面或中、英文可选界面		
	（5）要求仪器稳定可靠、精度高，通过环境保护部监测仪器设备质量监督检验中心的适用性测试		
	（6）附有单机和系统的中文安装说明书及使用说明书（包括软件说明书）		
	（7）附有中文装箱单及相关质量、技术管理机构对仪器各项技术指标的认证依据		
	3. 一氧化碳分析仪		
	（1）分析方法：红外吸收相关法（气体滤光相关法）或可调谐半导体激光吸收光谱（TDLAS）法		
	（2）最低检测限：≤1 ppm		
	（3）校准：具有自动校零、校跨功能，仪器状态自动实时监控、诊断功能，手动远离距仪器校准、状态监控、诊断功能		
	（4）查询显示：监测数据实时显示功能，仪器状态实时参数与理论参数的比较显示功能。操作界面为中文界面或中、英文可选界面		

内容	评判要点	是否满足	备注
仪器性能	（5）要求仪器稳定可靠、精度高，通过环境保护部监测仪器设备质量监督检验中心的适用性测试		
	（6）附有单机和系统的中文安装说明书及使用说明书（包括软件说明书）		
	（7）附有中文装箱单及相关质量、技术管理机构对仪器各项技术指标的认证依据		
	4. 臭氧分析仪		
	（1）分析方法：紫外光度法或差分吸收光谱法（DOAS法）		
	（2）最低检出限：≤2 ppb		
	（3）校准：具有自动校零、校跨功能，仪器状态自动实时监控、诊断功能，手动远距离仪器校准、状态监控、诊断功能		
	（4）查询显示：监测数据实时显示功能，仪器状态实时参数与理论参数的比较显示功能。操作界面为中文界面或中、英文可选界面		
	（5）要求仪器稳定可靠、精度高，通过环境保护部监测仪器设备质量监督检验中心的适用性测试		
	（6）附有单机和系统的中文安装说明书及使用说明书（包括软件说明书）		
	（7）附有中文装箱单及相关质量、技术管理机构对仪器各项技术指标的认证依据		
	5. PM_{10}分析仪		
	（1）分析方法：基于 β 射线方法或微量振荡天平方法，用于连续监测环境空气中的颗粒物（PM_{10}）		
	（2）微量振荡天平法必须需加装膜动态测量系统（FDMS），β 射线法必须需加装动态加热系统（DHS）		
	（3）采样流量：16.7 L/min ±5%		
	（4）最低检出限：≤10 μg/m		
	（5）校准：具有仪器状态自动实时监控、诊断功能和手动远离距诊断功能		
	（6）查询显示：监测数据实时显示功能，仪器状态实时参数与理论参数的比较显示功能，设备故障显示功能（设备故障不得用测量范围内数据表示）。操作界面为中文界面或中、英文可选界面		

内容	评判要点	是否满足	备注
仪器性能	（7）要求仪器稳定可靠、精度高，通过环境保护部监测仪器设备质量监督检验中心的适用性测试		
	（8）附有单机和系统的中文安装说明书及使用说明书（包括软件说明书）		
	（9）附有中文装箱单及相关质量、技术管理机构对仪器各项技术指标的认证依据		
	6. PM$_{2.5}$分析仪		
	（1）分析方法：β射线加动态加热系统方法、或β射线加动态加热系统联用光散射方法、或微量振荡天平加膜动态测量系统方法，用于连续监测环境空气中的颗粒物（PM$_{2.5}$）		
	（2）微量振荡天平法必须需加装膜动态测量系统（FDMS），β射线法必须需加装动态加热系统（DHS）		
	（3）采样流量：16.7 L/min ±5%		
	（4）最低检测限：≤10 μg/m		
	（5）校准：具有仪器状态自动实时监控、诊断功能和手动远离距诊断功能		
	（6）查询显示：监测数据实时显示功能，仪器状态实时参数与理论参数的比较显示功能，设备故障显示功能（设备故障不得用测量范围内数据表示）。操作界面为中文界面或中、英文可选界面		
	（7）要求仪器稳定可靠、精度高，符合环保部《PM$_{2.5}$自动监测仪器技术指标与要求》		
	（8）附有单机和系统的中文安装说明书及使用说明书（包括软件说明书）		
	（9）附有中文装箱单及相关质量、技术管理机构对仪器各项技术指标的认证依据		
	按合同要求审查仪器、设备及零配件的数量、外观有无破损		
	单机测试：		
	仪器通电预热		
	24 h 零漂		
	24 h 跨漂		
	精密度		

内容	评判要点	是否满足	备注
仪器性能	响应时间		
	PM_{10}流量测试		
	多元气体校准仪流量精度测试		
	零气发生器零气源输出流量测试		
	60天试运行考核：		
	仪器设备运行、数据传输和中心站控制正常		
	每天一次零漂检查、记录		
	7天一次跨票检查、记录		
	考核结束时做一次多点校准		
	有效数据获取率大于90%		
系统整合	子站站房设施：		
	（1）子站站房用面积以保证操作人员方便地操作和维护仪器为原则，一般不少于10 m²		
	（2）站房为无窗或双层密封窗结构，墙体应有较好的保温性能。有条件时，门与仪器之间设置缓冲间		
	（3）站房内安装温湿度控制设备，使站房温度在25℃±5℃，相对湿度控制在80%以下		
	（4）站房有防水、防潮措施，一般站房地层应离地面（或房顶）有25 cm的距离		
	（5）采样装置抽气风机排气口和监测仪器排气口的位置设置在靠近站房下部的墙壁上，排气口离站房内地面的距离在20 cm以上		
	（6）气象杆、气象塔与站房顶的垂直高度大于2 m，气象杆、塔和子站房的建筑结构能经受10级以上风力		
	（7）站房供电建议采用三相供电，分相使用；站房监测仪器供电线路独立走线		
	（8）子站站房供电系统配有电源过压、过载和漏电保护装置，电源电压波动不超过220 V±10%		
	（9）站房有防雷电和防电磁波干扰措施。有良好的接地线路，接地电阻小于4 Ω		
	（10）站房重量若经正规建筑设计部门核实超过屋顶承重，在建站房前应先对建筑物屋顶进行加固		

内容	评判要点	是否满足	备注
系统整合	（11）开放式光程监测仪器的发射光源和监测光束接收端固定安装在站房外的基座上。基座不能建在金属构件上，建在受环境变化影响不大的建筑物主体承重混凝土结构上。基座采用实心砖平台结构或混凝土水泥桩结构，离地面高度为 0.6～1.2 m，长度和宽度尺寸按发射光源和接收端底座四个边缘多加 15 cm 计算		
	（12）开放光程监测系统的固定发射和接收端的基座位置远离振动源，并且基座设置在便于安全操作的地方		
	气象传感器、电源、防雷设施审查和检定，取得相关检定证书		
	《四川省（省控）环境空气质量自动监测系统仪器设备主要技术指标》：		
	（1）配套采样系统、机架、稳压电源等辅助设施		
	（2）子站数据传输与网络化质控平台（地方硬件部分）		
	（3）市（州）城市中心数据平台主要硬件设备要求		
	（4）气象仪（五参数）		
	（5）质控设备（动态校准仪、零气发生器、阀门等）		
	（6）数据传输		
	（7）监控及摄像系统		
	《四川省（省控）环境空气质量自动监测系统通信传输技术要求》：		
	（1）系统结构		
	（2）通信接口		
	（3）通信协议		
	编制《监测子站建设验收报告》		
联网能力	经过省总站验证，能成功连接到省网平台，取得省总站联网证明		

备注：① 评分表中所有项目评分除"联网能力"外，均参照相关验收报告和材料进行评价，无资料证明均不得分。

② "是否满足要求"一栏根据各评价要点内容评判：合格打"√"，其中一项不合格打"×"，不涉及相关监测项目仪器或开放光程仪器相应项目填"/"。

③ "是否满足要求"一栏中若有一项不合格（"×"），则该子站不予通过验收。

监测子站联网验收申请表

建设单位	监测子站名称			
	监测子站地址			
	监测子站经纬度			
	建设单位			
	网络接入方式（光纤、宽带、拨号）			
	通讯地址			
	联系人		电话	
	邮编		选址时间	
	联网申请条件简述： 　该空气自动监测子站按照国家和省上技术要求，现联网系统已安装调试完毕。 　　　　　　　　　　　　　　　　年　　月　　日　（公章）			
省环境监测总站	单位意见： 　　　　　　　　　　负责人（签章）：　　　　　年　　月　　日			

kqzd-29 四川省省级环境空气质量自动监测系统子站建设子站建设情况报告（样本）

空气子站名称：＿＿＿＿＿＿＿＿＿＿＿＿＿＿＿＿＿＿＿＿

建设地点：＿＿＿＿＿＿＿＿＿＿＿＿＿＿＿＿＿＿＿＿＿＿＿

运行或托管单位：＿＿＿＿＿＿＿＿＿＿＿＿＿＿＿＿＿＿＿＿

设备生产企业：＿＿＿＿＿＿＿＿＿＿＿＿＿＿＿＿＿＿＿＿＿

仪器集成企业：＿＿＿＿＿＿＿＿＿＿＿＿＿＿＿＿＿＿＿＿＿

站房建设单位：＿＿＿＿＿＿＿＿＿＿＿＿＿＿＿＿＿＿＿＿＿

建设单位：＿＿＿＿＿＿＿＿＿＿＿＿＿＿＿＿＿＿＿＿＿＿＿

建设单位联系人：＿＿＿＿＿＿＿＿＿＿＿＿＿＿＿＿＿＿＿＿

建设单位联系电话：＿＿＿＿＿＿＿＿＿＿＿＿＿＿＿＿＿＿＿

××环境监测站

二〇　　年　　月　　日

说　明

（1）本报告为建设单位申请空气自动监测站建设项目竣工验收的必备材料之一，需在系统连续运行 60 天考核后按要求由建设单位编制。

（2）对于各子站监测项目或内容若超出本报告范围的，可自行增加表格或另加附页补充说明。

（3）封面页建设单位须加盖公章。

一、项目简介

二、验收依据

三、站房和基础设施建设

（1）建设地点

（2）基础设施工程设计简要介绍（包括何种结构、建筑高度、建筑面积等）

（3）基础设施建成现场图（摄影）

（4）站房基础设施介绍（包括防雷、消防、通信、防盗安全），及设施检定情况

四、仪器性能

包括新标准六项参数的仪器（如老的三项参数仪器未更新，也应按新的技术规划来进行考核验证是否满足要求）。

五、子站系统整合

六、联网情况

七、总结

附表

监测子站仪器配置表

仪器设备名称	仪器监测方法	方法来源	厂家和型号

kqzd-30　四川省环境监测总站
臭氧传递测试报告

送测单位：_____

测试器具名称：_____

型号/规格：_____

出厂编号_____

制造单位_____

测试依据：JJG1077-2012 臭氧分析仪_____

测试结论：_____

批准人：

审核人：

测试员：

测试日期：

有效期至：

地址：青羊区光华东三路 88 号　　　邮编：610091

电话：（028）61502629　　　　　传真：028-62328650

四川省环境监测总站

臭氧传递测试报告表

一、测试环境条件			
温度：		地点：	
湿度：		气压	

二、测试使用经溯源的计量标准器具

名称	测量范围	不确定度/准确度等级	证书编号	证书有效期至

三、测试结果

检定项目	技术要求	测试结果			结果判定
1. 外观及通电检查	外观良好 结构完整				
2. 示值误差		设置浓度（ppb）	实测浓度（ppb）	示值误差（%FS）	满量程的 0%、15%、30%、45%、60%、75%、90%
	±2%FS				
	±2%FS				
	±2%FS				
	±2%FS				
	±2%FS				
	±2%FS				
	±2%FS				
校准曲线 $Y=a+bx$		$a=$	$b=$	$r=$	
3. 重复性	≤2%				满量程 50%

申明：本测试结果仅作为四川省内部质量管理用

4 数据统计分析

4.1 评价标准

4.1.1 评价对象

子站环境空气质量评价是指针对子站点位所代表空间范围的环境空气质量评价。监测点位包括城市点、农村区域点、背景点、污染监控点和路边交通点等。

城市环境空气质量评价是指针对城市建成区范围的环境空气质量评价。对地级及以上城市，一般采用国家环境空气质量监测网中的环境空气质量城市点（简称"国控城市点"）进行评价。对县（区）级城市，一般采用地方环境空气质量监测网络中的环境空气质量城市点进行评价。

区域环境空气质量评价是指针对由多个城市组成的连续空间区域范围的环境空气质量评价，包括城市建成区和非城市建成区环境空气质量状况评价。其中城市建成区评价采用环境空气质量城市点进行评价，非城市建成区评价采用环境空气质量农村区域点进行评价。

全省环境空气质量评价是指针对全省所有城市组成的连续空间区域范围的环境空气质量评价，包括城市建成区和非城市建成区环境空气质量状况评价。其中城市建成区评价采用环境空气质量评价城市点进行评价，非城市建成区评价采用环境空气质量农村区域点进行评价。

农村区域环境空气质量评价是指针对农村区域范围的环境空气质量评价。

背景环境空气质量评价是指针对大气背景区域范围的环境空气质量评价。

4.1.2 评价指标

基本评价项目包括二氧化硫（SO_2）、二氧化氮（NO_2）、一氧化碳（CO）、臭氧（O_3）、可吸入颗粒物（PM_{10}）、细颗粒物（$PM_{2.5}$）共6项、达标天数率、综合指数。各项目的评价指标见表4-1。

表4-1　基本评价项目及平均时间

评价时段	评价项目及平均时间
小时评价	SO_2、NO_2、CO、O_3的1小时平均
日评价	SO_2、NO_2、CO、$PM_{2.5}$、PM_{10}的24小时平均、O_3的日最大8小时平均、小时
年评价	SO_2年平均、SO_2 24小时平均第98百分位（目前未采用此计算方法）； NO_2年平均、NO_2 24小时平均第98百分位（目前未采用此计算方法）； PM_{10}年平均、PM_{10} 24小时平均第95百分位（目前未采用此计算方法）； $PM_{2.5}$年平均、$PM_{2.5}$ 24小时平均第98百分位（目前未采用此计算方法）； CO 24小时平均第95百分位数； O_3日最大8小时滑动平均值的第90百分位数

4.1.3　评价时段

评价时段分为小时、日、月、季度（第一季度：1~3月；第二季度：4~6月；第三季度：7~9月；第四季度：10~12月）、季节（春季：3~5月；夏季：6~8月；秋季：9~11月；冬季：12~次年2月）、年。

1小时平均是指任何1小时污染物浓度的算术平均值。

8小时平均是指连续8小时平均浓度的算术平均值,也称8小时滑动平均。

24小时平均是指一个自然日24小时平均浓度的算术平均值,也称为日平均。

月平均是指一个日历月内各日平均浓度的算术平均值。

季平均（季度和季节平均）是指一个季内各日平均浓度的算术平均值。

年平均是指一个日历年内各日平均浓度的算术平均值。

4.1.4　标准限值

环境空气质量标准（GB 3095—2012）将环境空气功能区分为二类，分别执行不同级别的浓度限值。一类区为自然保护区、风景名胜区和其他需要特殊保护的区域；二类区为居住区、商业交通居民混合区、文化区、工业区和农村地区。一类区适用一级浓度限值，二类区适用二级浓度限值。一、二类环境空气功能区质量要求见表 4-2 和表 4-3。

表 4-2 环境空气污染物基本项目浓度限值

序号	污染物项目	平均时间	浓度限值		单位
			一级	二级	
1	二氧化硫（SO_2）	年平均	20	60	$\mu g/m^3$
		24 小时平均	50	150	
		1 小时平均	150	500	
2	二氧化氮（NO_2）	年平均	40	40	
		24 小时平均	80	80	
		1 小时平均	200	200	
3	一氧化碳（CO）	24 小时平均	4	4	mg/m^3
		1 小时平均	10	10	
4	臭氧（O_3）	日最大 8 小时平均	100	160	$\mu g/m3$
		1 小时平均	160	215	
5	颗粒物（粒径小于等于 10 μm）	年平均	40	70	
		24 小时平均	50	150	
6	颗粒物（粒径小于等于 2.5 μm）	年平均	15	35	
		24 小时平均	35	75	

4.1.5 数据统计的有效性规定

任何情况下，有效的污染物浓度数据均应符合表 4-4 中的最低要求，否则应视为无效数据。

表 4-4 污染物浓度数据有效性的最低要求

污染物项目	平均时间	数据有效性规定
SO_2、NO_2、$PM_{2.5}$、PM_{10}	年平均	每年至少有 324 个日平均浓度值；每月至少有 27 个日平均浓度值（二月至少有 25 个日平均浓度值）
SO_2、NO_2、CO、$PM_{2.5}$、PM_{10}	24 小时平均	每日至少有 20 个小时平均浓度值或采样时间
O_3	8 小时平均	每 8 小时至少有 6 小时平均浓度值
SO_2、NO_2、CO、O_3	1 小时平均	每小时至少有 45 分钟的采样时间

表 4-3　空气质量分指数及对应的污染物项目浓度限值

污染物项目浓度限值

空气质量分指数（IAQI）	二氧化硫（SO₂）24小时平均（μg/m³）	二氧化硫（SO₂）1小时平均（μg/m³）(1)	二氧化氮（NO₂）24小时平均（μg/m³）	二氧化氮（NO₂）1小时平均（μg/m³）	可吸入颗粒物（PM₁₀）24小时平均（μg/m³）(1)	一氧化碳（CO）24小时平均（mg/m³）(1)	一氧化碳（CO）1小时平均（mg/m³）(1)	臭氧（O₃）1小时平均（μg/m³）	臭氧（O₃）8小时滑动平均（μg/m³）	细颗粒物（PM₂.₅）24小时平均（μg/m³）
0	0	0	0	0	0	0	0	0	0	0
50	50	150	40	100	50	2	5	160	100	35
100	150	500	80	200	150	4	10	200	160	75
150	475	650	180	700	250	14	35	300	215	115
200	800	800	280	1 200	350	24	60	400	265	150
300	1 600	(2)	565	2 340	420	36	90	800	800	250
400	2 100	(2)	750	3 090	500	48	120	1 000	(3)	350
500	2 620	(2)	940	3 840	600	60	150	1 200	(3)	500

说明：

（1）二氧化硫（SO₂）、二氧化氮（NO₂）和一氧化碳（CO）的 1 小时平均浓度限值仅用于实时报，在日报中需使用相应污染物的 24 小时平均浓度限值。

（2）二氧化硫（SO₂）1 小时平均浓度值高于 800 μg/m³ 的，不再进行其空气质量分指数计算，二氧化硫（SO₂）空气质量分指数按 24 小时平均浓度计算的分指数报告。

（3）臭氧（O₃）8 小时平均浓度值高于 800 μg/m³ 的，不再进行其空气质量分指数计算，臭氧（O₃）空气质量分指数按 1 小时平均浓度计算的分指数报告。

4.1.6 计算方法

4.1.6.1 点位污染物浓度统计方法

点位环境空气质量评价中，各评价时段内评价项目的统计方法如表 4-5 所示：

表 4-5 点位污染物浓度数据统计方法

评价项目	数据统计方法
点位 1 小时平均	整点时刻前 1 小时时段内点位污染物浓度的算术平均值，记为该时刻的点位 1 小时平均值。一个自然日内点位 1 小时平均的时标分别记为 1:00、2:00、3:00、...、23:00 和 24:00 时
点位 8 小时平均	使用滑动平均的方式计算。对于指定时间 X 的 8 小时均值，定义为：X-7、X-6、X-5、X-4、X-3、X-2、X-1、X 时的 8 个 1 小时平均值的算术平均值，称为 X 时的 8 小时平均值。一个自然日内有 24 个点位 8 小时平均值，其时标分别记为 1:00、2:00、3:00、...、23:00 和 24:00 时
点位日最大 8 小时平均	点位一个自然日内 8:00 时至 24:00 时的所有 8 小时滑动平均浓度中的最大值
点位 24 小时平均	点位一个自然日内各 1 小时平均浓度的算术平均值
点位季平均	点位一个日历季内各 24 小时平均浓度的算术平均值
点位年平均	点位一个日历年内各 24 小时平均浓度的算术平均值

4.1.6.2 城市污染物浓度统计方法

城市环境空气质量评价中，各评价时段内污染物的统计指标和统计方法见表 4-6。

表 4-6 不同评价时段内基本评价项目的统计方法

评价时段	评价项目	统计方法
小时平均	城市 SO_2、NO_2、CO、O_3 的 1 小时平均	各点位*1 小时平均浓度值的平均值
日平均	城市 SO_2、NO_2、CO、PM_{10}、$PM_{2.5}$ 的 24 小时平均	各点位*24 小时平均浓度值的算术平均值
	城市 O_3 的日最大 8 小时平均	各点位*臭氧日最大 8 小时平均浓度值的算术平均值

评价时段	评价项目	统计方法
年评价	城市 SO_2、NO_2、PM_{10}、$PM_{2.5}$ 的年平均	一个日历年内城市 24 小时平均浓度值的算术平均值
	城市 SO_2、NO_2 24 小时平均第 98 百分位数	按 HJ663—2013 附录 A.6 计算一个日历年内城市日评价项目的相应百分位数浓度
	城市 PM_{10}、$PM_{2.5}$ 24 小时平均第 95 百分位数	
	城市 CO 24 小时平均第 95 百分位数	
	城市 O_3 日最大 8 小时平均第 90 百分位数	

4.2　评价方法

4.2.1　年综合污染指数

用各评价指标的年均浓度值（臭氧为特定 90 百分位浓度值，一氧化碳为特定 95 百分位浓度值），除以该评价指标《环境空气质量标准》（GB 3095—2012）中二级年均浓度限值（臭氧为日最大 8 小时平均浓度限值，一氧化碳为 24 小时平均浓度限值），计算该评价指标的年综合污染分指数，将各项年综合污染分指数相加得到年综合污染指数。年综合污染指数计算如下式所示：

$$C_i = \sum_{n=1}^{n=i} \frac{C_1}{C_2}$$

式中：C_1 为评价指标的浓度监测值；

$\quad\quad C_2$ 为对应的标准限值；

$\quad\quad C_i$ 为年综合污染指数；

$\quad\quad i$ 为污染物项目。

4.2.2　超标评价

当评价指标监测值大于对应的标准浓度限值时，评价结果为评价时间段

内该评价指标超标，超标倍数计算为

$$超标倍数 = \frac{C_1}{C_2} - 1$$

式中：C_1 为评价指标的浓度监测值；

C_2 为对应的标准限值。

超标评价适用于日、月、季度、年、站点、城市、区域、全省

4.2.3 首要污染物评价

首要污染物是指环境空气质量指数（AQI）大于 50 时，环境空气质量分指数（IAQI）最大的污染物。若环境空气质量分指数（IAQI）最大的污染物为两项或两项以上时，并列为首要污染物。环境空气质量分指数（IAQI）及环境空气质量指数（AQI）计算如下：

$$IAQI_P = \frac{LAQI_{Hi} - LAQI_{Lo}}{BP_{Hi} - BP_{Lo}}(C_P - BP_{Lo}) + LAQI_{Lo}$$

式中：$IAQI_P$ 为污染物项目 P 的空气质量分指数；

C_P 为污染物项目 P 的质量浓度值；

BP_{Hi} 为表 4-6 中与 C_P 相近的污染物浓度限值的高位值；

BP_{Lo} 为表 4-6 中与 C_P 相近的污染物浓度限值的低位值；

$IAQI_{Hi}$ 为表 4-6 中与 BP_{Hi} 对应的空气质量分指数；

$IAQI_{Lo}$ 为表 4-6 中与 BP_{Lo} 对应的空气质量分指数。

$$AQI = \max\{IAQI_1, IAQI_2, IAQI_2, \cdots, IAQI_n\}$$

式中：IAQI 为空气质量分指数；

n 为污染物项目。

4.2.4 空气质量等级

按环境空气质量指数（AQI）范围规定分为优、良、轻度污染、中度污染、重度污染和严重污染 6 个等级，具体划分规定如表 4-7：

表 4-7　空气质量指数及相关信息

空气质量指数	空气质量指数级别	空气质量指数类别及表示颜色		对健康影响情况	建议采取的措施
0～50	一级	优	绿色	空气质量令人满意,基本无空气污染	各类人群可正常活动
51～100	二级	良	黄色	空气质量可接受,但某些污染物可能对极少数异常敏感人群健康有较弱影响	极少数异常敏感人群应减少户外活动
101～150	三级	轻度污染	橙色	易感人群症状有轻度加剧,健康人群出现刺激症状	儿童、老年人及心脏病、呼吸系统疾病患者并减少长时间、高强度的户外锻炼
151～200	四级	中度污染	红色	进一步加剧易感人群症状,可能对健康人群心脏、呼吸系统有影响	儿童、老年人及心脏病、呼吸系统疾病患者避免长时间、高强度的户外锻炼,一般人群适量减少户外运动
201～300	五级	重度污染	紫色	心脏病和肺病患者症状显著加剧,运动耐受力降低,健康人群普遍出现症状	儿童、老年人和心脏病、肺病患者应停留在室内,停止户外运动,一般人群减少户外运动
＞300	六级	严重污染	褐红色	健康人群运动耐受力降低,有明显强烈症状,提前出现某些疾病	儿童、老年人和病人应当留在室内,避免体力消耗,一般人群应避免户外活动

4.2.5　主要污染物评价

评价时间段内日首要污染物天数百分率最大的项目为该评价时间段的主要污染物。

$$日首要污染物百分率 = \frac{某项目为日首要污染物天}{评价时间段总天数} \times 100\%$$

4.2.6　综合指数评价

综合指数的变化情况可以反映环境空气质量的变化。用各评价指标的月、季、年均浓度值（臭氧为特定 90 百分位浓度值，一氧化碳为特定 95 百分位浓度值），除以该评价指标《环境空气质量标准》（GB 3095—2012）中二级年均浓度限值（臭氧为日最大 8 小时平均浓度限值，一氧化碳为 24 小时平均浓度限值），计算该评价指标的综合分指数，将各项综合分指数相加得到综合指数，主要应用于每月城市排名。综合指数计算如下式所示：

$$P_i = \sum_{n=1}^{n=i} \frac{P_1}{P_2}$$

式中：P_1 为评价指标的浓度监测值；

　　　P_2 为对应的标准限值；

　　　P_i 为综合指数；

　　　i 为污染物项目。

4.2.7　评价指标变化情况评价

4.2.7.1　监测值同比评价

1. 监测值同比评价

将本期评价时间段内的每个评价指标监测值分别与往年同期的每个评价指标监测值进行比较，采用同比增长或下降率评价其变化情况：

$$同比增长(下降)率(\%) = \left(\frac{本期监测值}{往年同期监测值} - 1 \right) \times 100\%$$

同比评价指标的监测值增长（下降）率小于等于 5%，评价结果为该评价指标的监测值同比变化不大；同比评价指标的监测值增长（下降）率介于 5% ~ 10%（含 10%），评价结果为该评价指标同比污染程度略有变差（改善）；同比评价指标的监测值增长（下降）率介于 10% ~ 20%（含 20%），评价结果为该评价指标同比污染程度有所变好（变差）；同比评价指标的监测值增长（下降）率介于 20% ~ 30%（含 30%），评价结果为该评价指标同比污染程度明显变好（变差）；同比评价指标的监测值增长（下降）率大于 30%，评价结果为该评价指标同比污染程度大幅变好（变差）。

2. 监测值环比评价

将本期评价时间段内的每个评价指标监测值分别与上期的每个评价指标监测值进行比较，采用环比增长或下降率评价其变化情况：

$$环比增长（下降）率(\%) = \left(\frac{本期监测值}{上期监测值} - 1 \right) \times 100\%$$

环比评价指标的监测值增长（下降）率小于等于 5%，评价结果为该评价指标的监测值环比变化不大；环比评价指标的监测值增长（下降）率介于 5% ~ 10%（含 10%），评价结果为该评价指标环比污染程度略有变差（改善）；环比评价指标的监测值增长（下降）率介于 10% ~ 20%（含 20%），评价结果为该评价指标环比污染程度有所变好（变差）；环比评价指标的监测值增长（下降）率介于 20% ~ 30%（含 30%），评价结果为该评价指标环比污染程度明显变好（变差）；环比评价指标的监测值增长（下降）率大于 30%，评价结果为该评价指标环比污染程度大幅变好（变差）。

4.2.7.2　综合指数同比评价

将本期评价时间段内的综合指数与往年同期的综合指数进行比较，采用同比增长或下降率评价其变化情况：

$$同比增长(下降)率(\%) = \left(\frac{本期综合指数}{往年同期综合指数} - 1 \right) \times 100\%$$

同比评价指标的综合指数增长（下降）率小于等于 5%，评价结果为该评价指标的综合指数同比变化不大；同比评价指标的综合指数增长（下降）率介于 5% ~ 10%（含 10%），评价结果为该评价指标同比污染程度略有变差（改善）；同比评价指标的综合指数增长（下降）率介于 10% ~ 20%（含 20%），评价结果为该评价指标同比污染程度有所变好（变差）；同比评价指标的综合指数增长（下降）率介于 20% ~ 30%（含 30%），评价结果为该评价指标同比污染程度明显变好（变差）；同比评价指标的综合指数增长（下降）率大于30%，评价结果为该评价指标同比污染程度大幅变好（变差）。

4.2.7.3　优良天数率评价

1. 优良天数率同比评价

将本期评价时间段内的优良天数率与往年同期的优良天数率进行比较，采用同比增长或下降百分点评价其变化情况：

$$同比增长（百分点）=本期优良天数率-同期优良天数率$$

2. 优良天数率环比评价

将本期评价时间段内的优良天数率与上期的优良天数率进行比较，采用同比增长或下降百分点评价其变化情况：

$$环比增长（百分点）=本期优良天数率-上期优良天数率$$

4.2.7.4　主要污染物评价

1. 主要污染物同比评价

将本期评价时间段内的日首要污染物率与往年同期的日首要污染物率进行比较，采用同比增长或下降百分点评价其变化情况：

$$同比增长（百分点）=本期日首要污染物率-同期日首要污染物率$$

2. 主要污染物环比评价

将本期评价时间段内的日首要污染物率分别与上期的日首要污染物率进行比较，采用同比增长或下降百分点评价其变化情况：

$$环比增长（百分点）=本期日首要污染物率-上期日首要污染物率$$

4.2.8　环境质量关联性

4.2.8.1　$PM_{2.5}$ 与 PM_{10}

统计 $PM_{2.5}$ 占 PM_{10} 的比例（即 $PM_{2.5}/PM_{10}$），及 $PM_{2.5}$ 与 PM_{10} 的相关性，可看出细颗粒物对 PM_{10} 的贡献及二次转化情况。两者相关性越高，$PM_{2.5}/PM_{10}$ 比值越大，说明细颗粒物的贡献越大，二次转化越强。该统计图形产品可在平台中实现，如下图所示。

颗粒物浓度及比例变化图（见图 4-1）：此图可分析各区域、各城市或各

站点 $PM_{2.5}$ 和 PM_{10} 浓度及占比情况，反映 $PM_{2.5}/PM_{10}$ 比值的变化趋势，在一定程度上反映二次转化的程度。

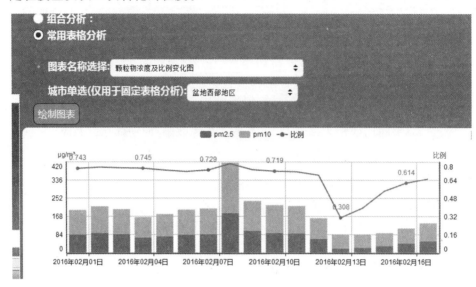

图 4-1　颗粒物浓度及比例变化图

PM_{10} 和 $PM_{2.5}$ 相关性分析（见图 4-2）：此图为 PM_{10} 和 $PM_{2.5}$ 的相关性散点图，相关性好，说明起变化趋势具有一致性。

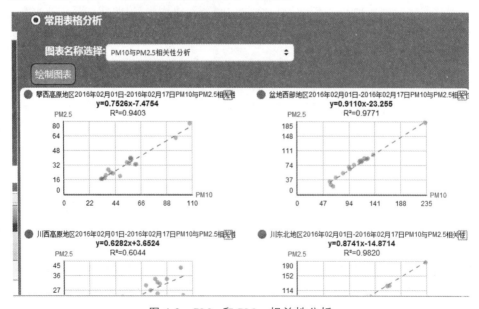

图 4-2　PM_{10} 和 $PM_{2.5}$ 相关性分析

4.2.8.2　NO$_2$/SO$_2$

NO$_2$/SO$_2$反映了移动源（机动车）和固定源（燃煤）对大气污染的相对贡献，若该比值较低（<1），说明固定源为主；若该比值>1，说明移动源为主。该比值的变化图也可在平台中实现，如下图所示。

大气环境质量特征 NO$_2$/SO$_2$ 比例变化图（见图 4-3）：此图可比较不同区域、城市或站点间 NO$_2$/SO$_2$ 比值大小，比值越大，可在一定程度上说明移动源的贡献较大。如下图，可看出川东北和盆地西部地区移动源的贡献较大，特别是在 2 月 1 日~2 月 6 日之间，区域均值均在 2.00 以上。

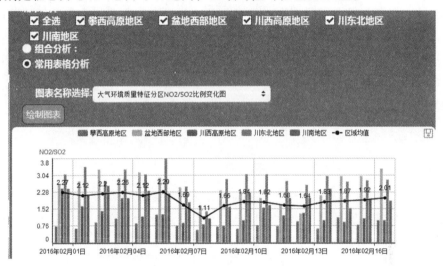

图 4-3　大气环境质量特征 NO$_2$/SO$_2$ 比例变化图

4.2.8.3　NO$_2$ 与 O$_3$

O$_3$ 是 NO$_x$ 和 VOC$_s$ 在光照作用下反应生成的。研究 O$_3$ 与 NO$_2$ 的相关性，或 O$_3$ 与 NO$_2$ 的时间变化序列，可看出 NO$_2$ 对 O$_3$ 生成的贡献，及 NO$_2$ 与 O$_3$ 的生消规律，为污染来源和转化提供一定的数据支撑基础。

4.3　子站空气质量评价

4.3.1　按子站类型划分

子站空气质量评价，分为城市站、农村区域站、背景站环境空气质量评价，城市站空气质量评价指全省 21 个市州及 183 个区县政府所在地城市建成区的城市环境空气质量自动监测子站空气质量评价。农村区域站指农村区域子站环境空气质量自动监测子站空气质量评价。背景站环境空气质量评价指背景区域环境空气质量评价，城市、农村区域、背景站评价按 4.1.2、4.1.3、4.1.4 标准要求进行评价。

4.3.2 子站空气质量日评价

按"评价标准"要求对子站每日各监测项目日算数平均浓度进行统计评价，子站空气质量日评价内容包括浓度评价和空气质量指数评价，包括 SO_2、NO_2、CO、$PM_{2.5}$、PM_{10} 的 24 小时平均、O_3 的日最大 8 小时平均浓度、AQI、首要污染物评价。

4.3.3 子站空气质量月评价

4.3.3.1 子站空气质量总体状况

按"4.2.4 空气质量等级"方法对子站空气质量的达标天数率、各质量等级占比（可结合图的形式表示）情况以及同比达标天数率、各污染等级超标率环比上月进行评价。

按"4.2.3 首要污染物评价"和"4.2.5 主要污染物评价"方法对子站空气首要污染物、日首要污染物天数进行评价；

按"4.2.6 按综合指数评价"方法对子站环境空气质量整体情况进行评价

例：按照《环境空气质量标准》（GB 3095—2012）评价，2016 年 8 月，**市**区（县）**子站空气质量达标天数比例为 35.85%，超标天数比例为 64.15%。其中轻度污染占 28.15%，中度污染占 15.83%，重度污染占 17.23%，严重污染占 2.94%。

4.3.3.2 污染物超标情况

子站监测项目浓度评价：按照"2.2 超标评价"方法对子站 $PM_{2.5}$、PM_{10}、SO_2、CO、NO_2 和 O_3 各项目在统计时段平均浓度、超标项目及超标项目的超标倍数和超标天数进行评价；

子站空气质量同比评价：按"4.2.7.1（1）监测值同比评价"方法对子站监测项目浓度同比上年度同时期浓度进行同比评价。

子站空气质量环比评价：按"4.2.7.1（2）监测值环比评价"方法对子站监测项目浓度同比上月浓度进行同比评价。

以 3 月份成都市武侯环境监测站子站 3 月环境空气质量评价为例：

按照新的《环境空气质量标准》（GB 3095—2012）评价，武侯环境监测站于站 3 月份 $PM_{2.5}$、PM_{10}、SO_2、CO 浓度有大幅下降、NO_2 和 O_3 月均浓度有大幅上升。各项污染物超标情况如下：

$PM_{2.5}$ 平均超标天数比例为 39.27%，最大日均值为 196 μg/m³（德阳市），最大超标倍数为 1.61。$PM_{2.5}$ 月均浓度为 70 μg/m³，最大日均值为 148 μg/m³，最小日均值为 88 μg/m³。与上月相比，$PM_{2.5}$ 平均超标天数比例下降 22.09 个百分点，月均浓度下降 26.46 个百分点。

4.4　城市环境空气质量评价

4.4.1　日评价

4.4.1.1　超标评价

按"4.2.2 中超标评价"方法对城市环境空气质量中参与评价的指标是否超标、超标项目及超标项目的倍数进行评价。当评价指标监测值（臭氧为日最大 8 小时值，一氧化碳为 24 小时平均浓度）大于对应的 24 小时平均浓度（臭氧为日最大 8 小时平均浓度）标准限值时，评价结果为评价时间段内该评价指标超标，超标倍数计算为：

$$超标倍数 = \frac{C_1}{C_2} - 1$$

式中：C_1 为评价指标的浓度监测值；

　　　C_2 为对应的 24 小时平均浓度标准限值。

4.4.1.2　首要污染物评价

按"4.2.3 中首要污染物评价"方法对城市环境空气质量首要污染物项目进行评价。

4.4.1.3　空气质量等级评价

按"4.2.4 中空气质量等级"方法对城市环境空气质量指数级别进行评价。

4.4.1.4　评价指标变化情况评价

1. 监测值同比评价

按"4.2.7.1 中监测值同比评价"方法对城市环境空气质量评价时段内的浓度监测值进行同比评价。

2. 监测值环比评价

按"4.2.7.1 中监测值环比评价"方法对城市环境空气质量评价时段内的浓度监测值进行环比评价。

3. 综合指数同比评价

按"4.2.7.2 中综合指数同比评价"将城市环境空气质量评价时段内的综合指数分别与往年同期的综合指数进行比较，并按指数数值高低对城市进行排名。

4.4.2　月评价

4.4.2.1　超标评价

按"4.2.2 中超标评价"方法对城市环境空气质量中参与评价的指标是否超标、超标项目及超标项目的倍数和超标天数进行评价。当评价指标监测值（臭氧为日最大 8 小时值第 90 百分位浓度，一氧化碳为日均值第 95 百分位浓度）大于对应的年平均浓度（臭氧为日最大 8 小时值，一氧化碳为 24 小时平均浓度）标准限值时，评价结果为评价时间段内该评价指标超标，超标倍数计算为：

$$超标倍数 = \frac{C_1}{C_2} - 1$$

式中：C_1 为评价指标的浓度监测值；

　　　C_2 为对应的年平均浓度（臭氧为日最大 8 小时平均浓度，一氧化碳为 24 小时平均浓度）标准限值。

4.4.2.2　主要污染物评价

按"4.2.5 中主要污染物评价"方法对评价时段内城市环境空气质量主要污染物项目、主要污染物天数（百分率）进行评价。

4.4.2.3　空气质量等级

按"4.2.4 中空气质量等级"方法对城市环境空气质量指数级别进行评价，统计城市环境空气质量评价时间段内达标率（优、良天数率）。达标率（优、良天数率）计算如下：

$$达标率=（总优良天数÷总有效天数）×100\%$$

4.4.2.4　综合指数评价

按"4.2.6 中综合指数评价"方法对城市环境空气质量综合指数进行评价。

4.4.2.5　评价指标变化情况评价

1. 监测值同比评价

按"4.2.7.1（1）中监测值同比评价"方法对城市环境空气质量评价时段内的浓度监测值进行同比评价。

2. 监测值环比评价

按"4.2.7.1（2）中监测值环比评价"方法对城市环境空气质量评价时段内的浓度监测值进行环比评价。

3. 综合指数同比评价

按"4.2.7.2 中综合指数同比评价"将城市环境空气质量评价时段内的综合指数分别与往年同期的综合指数进行比较。

4. 优良天数率同比评价

按"4.2.7.3（1）中优良天数率同比评价"对城市环境空气质量评价时段内的优良天数率进行同比比较。

5. 优良天数率环比评价

按"4.2.7.3（2）中优良天数率同比评价"对城市环境空气质量评价时段内的优良天数率进行环比比较。

6. 主要污染物同比评价

按"4.2.7.4（1）中主要污染物同比评价"对城市环境空气质量评价时段内的主要污染物进行同比比较。

7. 主要污染物同比评价

按"4.2.7.4（2）中主要污染物环比评价"对城市环境空气质量评价时段内的主要污染物进行环比比较。

4.4.3 季度评价

4.4.3.1 超标评价

按"4.4.2.1 中超标评价"方法对城市环境空气质量中参与评价的指标是否超标、超标项目及超标项目的倍数和超标天数进行评价。

4.4.3.2 主要污染物评价

按"4.4.2.2 中主要污染物评价"方法对评价时段内城市环境空气质量主要污染物项目、主要污染物天数（百分率）进行评价。

4.4.3.3 空气质量等级

按"4.4.2.3 中空气质量等级"方法对城市环境空气质量指数级别进行评价，统计市（州）环境空气质量评价时间段内达标率（优、良天数率）。

4.4.3.4 综合指数评价

按"4.2.6 中综合指数评价"方法对城市环境空气质量综合指数进行评价。

4.4.3.5 评价指标变化情况评价

1. 监测值同比评价

按"4.2.7.1（1）中监测值同比评价"方法对城市环境空气质量评价时段内的浓度监测值进行同比评价。

2. 监测值环比评价

按"4.2.7.1（2）中监测值环比评价"方法对城市环境空气质量评价时段内的浓度监测值进行环比评价。

3. 综合指数同比评价

按"4.2.7.2 中综合指数同比评价"将城市环境空气质量评价时段内的综合指数分别与往年同期的综合指数进行比较，按指数数值高低对城市进行排名。

4. 优良天数率同比评价

按 "4.2.7.3（1）中优良天数率同比评价" 对城市环境空气质量评价时段内的优良天数率进行同比比较。

5. 优良天数率环比评价

按 "4.2.7.3（2）中优良天数率同比评价" 对城市环境空气质量评价时段内的优良天数率进行环比比较。

6. 主要污染物同比评价

按 "4.2.7.4（1）中主要污染物同比评价" 对城市环境空气质量评价时段内的主要污染物进行同比比较。

7. 主要污染物同比评价

按 "4.2.7.4（2）中主要污染物环比评价" 对城市环境空气质量评价时段内的主要污染物进行环比比较。

4.4.4　年评价

4.4.4.1　超标评价

按 "4.4.2.1 中超标评价" 方法对城市环境空气质量中参与评价的指标是否超标、超标项目及超标项目的倍数和超标天数进行评价。

4.4.4.2　主要污染物评价

按 "4.4.2.2 中主要污染物评价" 方法对评价时段内城市环境空气质量主要污染物项目、主要污染物天数（百分率）进行评价。

4.4.4.3　空气质量等级

按 "4.4.2.3 中空气质量等级" 方法对城市环境空气质量指数级别进行评价，统计城市环境空气质量评价时间段内达标率（优、良天数率）。

4.4.4.4　年综合污染指数

按 "4.2.1 中年综合污染指数" 方法对城市环境空气质量评价时段内的年综合污染指数进行评价。

4.4.4.5 评价指标变化情况评价

1. 监测值同比评价

按 "4.2.7.1（1）中监测值同比评价" 方法对城市环境空气质量评价时段内的浓度监测值进行同比评价。

2. 监测值环比评价

按 "4.2.7.1（2）中监测值环比评价" 方法对城市环境空气质量评价时段内的浓度监测值进行环比评价。

3. 综合指数同比评价

按 "4.2.7.2 中综合指数同比评价" 将城市环境空气质量评价时段内的综合指数分别与往年同期的综合指数进行比较，按指数数值高低对城市进行排名。

4. 优良天数率同比评价

按 "4.2.7.3（1）中优良天数率同比评价" 对城市环境空气质量评价时段内的优良天数率进行同比比较。

5. 优良天数率环比评价

按 "4.2.7.3（2）中优良天数率同比评价" 对城市环境空气质量评价时段内的优良天数率进行环比比较。

6. 主要污染物同比评价

按 "4.2.7.4（1）中主要污染物同比评价" 对城市环境空气质量评价时段内的主要污染物进行同比比较。

7. 主要污染物同比评价

按 "4.2.7.4（2）中主要污染物环比评价" 对城市环境空气质量评价时段内的主要污染物进行环比比较。

4.5 背景环境空气质量分析

背景空气质量评价分为日报、年报。

4.5.1 背景环境空气质量日报

按 "评价标准" 要求对背景子站每日各监测项目日算数平均浓度进行统

计评价，背景空气质量日评价内容包括浓度评价和空气质量指数评价，包括 SO_2、NO_2、CO、$PM_{2.5}$、PM_{10} 的 24 小时平均、O_3 的日最大 8 小时平均浓度、AQI、首要污染物评价。

4.5.2 背景环境空气质量年报

1. 基本情况

简要介绍背景子站点位信息，包括地理位置、建成、运行状态。

2. 管理模式及质量控制

分别详细介绍背景站日常的管理模式，监督模式，设备检修模式。列出质量控制执行的相关标准和规范。

3. 评价标准

列出评价背景环境空气质量的各项标准。

4. 有效监测天数情况和空气质量

按照"4.1.5 数据统计的有效性规定"方法对全省背景站各监测项目有效监测天数情况进行评价，以文字结合扇形图的形式表示。

按照环境空气质量标准《环境空气质量标准》（GB 3095—2012）中的一级标准进行达标评价。并列表统计达标率。

5. 背景站污染物年均值评价

按照各单因子对背景站各指标的年均浓度进行列表分析。分析背景站主要监测项目时间演变特征，与历史监测数据进行比较，分析污染物浓度变化的年均趋势；与同期城市站监测数据进行比较。

6. 背景站污染物浓度季度变化情况

统计不同季节污染物的浓度情况，按季度分析一年内污染物浓度的变化规律。统计每年不同季度各污染物浓度的季度浓度情况，并列表和作图分析变化规律。

7. 背景站污染物月均浓度变化情况

统计不同月份污染物的浓度情况，按月份分析一年内污染物浓度的变化规律。统计每年 1～12 月份各污染物浓度的月均浓度情况，并列表和作图分析变化规律。

8. 超标情况和超标原因分析

背景区域远离城市，远离工业，理论上不应出现超标。因此一旦超标就要统计超标情况并分析超标原因。按照"2.2 超标评价"方法对背景区域环境 $PM_{2.5}$、PM_{10}、SO_2、CO、NO_2 和 O_3 各项目在该年度内的超标项目及超标倍数和超标天数进行评价。同时分析超标是远距离输送还是本地源，或气象条件所致。

9. 背景站黑炭和温室气体

分别对黑炭浓度、黑炭与颗粒物相关性和温室气体进行分析。详细介绍黑炭各波段浓度情况及变化范围并分析黑炭浓度区间和月份变化特点；分别将各波段黑炭浓度与颗粒物浓度进行相关性分析，并按日均值和月均值浓度列表和作图分析变化规律；分析背景站温室气体年浓度变化情况，并按月和年列表分析变化规律。

10. 结论

对本年背景空气质量情况进行总结，包含本报告有效监测天数、有效率、达标天数、达标率、各污染物平均浓度及与城市站的比较情况；同时对各监测项目浓度进行比较：分别按照 $PM_{2.5}$、PM_{10}、SO_2、CO、NO_2 和 O_3 项目，将背景站与城市站进行比较，比较背景站六项指标浓度占城市站的百分比；结合气象情况进行分析，夏季重点分析臭氧与温度、湿度、气压、日照等影响进行分析，天气分型与空气质量变化（恶化、改善）进行分析；分析黑炭和温室气体项目对黑炭浓度、黑炭浓度与颗粒物浓度相关性和温室气体变化特点。

4.6 农村区域环境空气质量分析

农村区域空气质量评价分为日报、季报、年报。

4.6.1 农村区域环境空气质量日报

按"评价标准"要求对各农村区域站每日各监测项目日算数平均浓度进行统计评价，农村区域环境空气质量日评价内容包括浓度评价和空气质量指数评价，包括 SO_2、NO_2、CO、$PM_{2.5}$、PM_{10} 的 24 小时平均、O_3 的日最大 8 小时平均浓度、AQI、首要污染物评价。

4.6.2 农村区域环境空气质量季报

1. 评价标准

列出评价农村区域环境空气质量的各项标准。

2. 农村区域站数据有效性情况

统计各监测项目小时均值上传率并附表，分析产生无效监测数据的原因；统计有效监测天数。

3. 农村区域环境空气质量

统计各农村区域站各监测项目季度平均值并附表，统计各项目最高值和最低值出现的农村区域站；计算全省农村区域、各农村区域站环境空气质量优良天数率并附表，统计各质量级别比例，分析各农村子站达标情况。

4. 全省农村区域站主要污染物季度平均浓度变化情况分析

分析各农村区域站每季度各项污染物季度平均浓度值环比、同比情况并附图；比较农村区域站与城市站季度 SO_2、NO_2、PM_{10}、$PM_{2.5}$、CO、O_3 六项污染物季度平均浓度值并附表。

5. 结论

总结农村区域环境空气质量情况、农村区域站数据有效性、各项污染监测项目变化情况。

4.6.3 农村区域环境空气质量年报

1. 概述

简要介绍农村区域站点位信息，包括地理位置、建成、运行状态；分别详细介绍农村区域站日常的管理模式、监督模式、设备检修模式；列出质量控制执行的相关标准和规范。

2. 评价标准

列出评价农村区域环境空气质量的各项标准。

3. 全年全省农村区域站上传率及有效率

评价各监测项目小时均值上传率并附表，分析产生无效监测数据的原因，统计有效监测天数。

4. 全省农村区域环境空气质量情况

统计全省农村区域站各子站小时均值、日均值，按照《环境空气质量指数（AQI）技术规定（试行）》（HJ633—2014）（以下简称新标准）要求分别评价环境空气质量分级情况。统计各农村区域站各监测项目年度平均值并附表，统计各项目出现最高值和最低值的农村站；计算全省农村区域站全年环境空气质量优良天数率并附表、图，统计各质量级别比例，分析各农村子站达标情况；分析各首要污染物比例情况并列表附图。

5. 农村区域子站主要污染物年均值浓度

统计农村区域子站各监测项目的年平均值并附表，分析达标情况，统计各监测项目浓度出现最高和最低值的站点；分别对四个区域各监测项目浓度年均浓度值进行比较；按月分析各监测项目浓度变化趋势并附图；分析各监测项目浓度年度变化趋势并列表、附图。

6. 农村区域站与所在城市站比较评价

将农村区域环境空气质量与所在城市环境空气质量进行比较，分析农村区域环境空气质量状况，比较农村区域站和城市站各监测项目变化幅度，分析农村区域环境空气质量状况。

7. 结论

总结分析农村区域环境空气质量情况。

4.7 全省空气质量评价

4.7.1 综合污染指数

用全省各评价指标的季度、半年、年均浓度值（臭氧为特定 90 百分位浓度值，一氧化碳为特定 95 百分位浓度值），除以该评价指标《环境空气质量标准》（GB 3095—2012）中二级年均浓度限值（臭氧为日最大 8 小时平均浓度限值，一氧化碳为 24 小时平均浓度限值），计算该评价指标的综合污染分指数，将各项综合污染分指数相加得到综合污染指数。综合污染指数计算如下式所示：

$$C_i = \sum_{n=1}^{n=i} \frac{C_1}{C_2}$$

式中：C_1 为评价指标的浓度监测值；

C_2 为对应的标准限值；

C_i 为综合污染指数；

i 为污染物项目。

4.7.2　超标评价

当评价指标监测值大于对应的标准浓度限值时，评价结果为评价时间段内该评价指标超标，超标倍数计算为

$$超标倍数 = \frac{C_1}{C_2} - 1$$

式中：C_1 为评价指标的浓度监测值；

C_2 为对应的标准限值。

4.7.3　首要污染物评价

首要污染物是指环境空气质量指数（AQI）大于 50 时，环境空气质量分指数（IAQI）最大的污染物。若环境空气质量分指数（IAQI）最大的污染物为两项或两项以上时，并列为首要污染物。环境空气质量分指数（IAQI）及环境空气质量指数（AQI）计算如下：

$$IAQI_P = \frac{LAQI_{Hi} - LAQI_{Lo}}{BP_{Hi} - BP_{Lo}}(C_P - BP_{Lo}) + LAQI_{Lo}$$

式中：$IAQI_P$ 为污染物项目 P 的空气质量分指数；

C_P 为污染物项目 P 的质量浓度值；

BP_{Hi} 为表 4-5 中与 C_P 相近的污染物浓度限值的高位值；

BP_{Lo} 为表 4-5 中与 C_P 相近的污染物浓度限值的低位值；

$IAQI_{Hi}$ 为表 4-5 中与 BP_{Hi} 对应的空气质量分指数；

$IAQI_{Lo}$ 为表 4-5 中与 BP_{Lo} 对应的空气质量分指数。

$$AQI = max\{IAQI_1, IAQI_2, IAQI_2, \cdots, IAQI_n\}$$

式中：IAQI 为空气质量分指数；

n 为污染物项目。

4.7.4　主要污染物评价

评价时间段内全省日首要污染物天数百分率最大的项目出现天数最多的为该评价时间段的主要污染物。

$$日首要污染物百分率 = \frac{某项目为日首要污染物天}{评价时间段总天数} \times 100\%$$

4.7.5　空气质量等级

按环境空气质量指数（AQI）范围规定分为优、良、轻度污染、中度污染、重度污染和严重污染 6 个等级，具体划分规定见表 4-8：

表 4-8　空气质量指数及相关信息

空气质量指数	空气质量指数级别	空气质量指数类别及表示颜色		对健康影响情况	建议采取的措施
0～50	一级	优	绿色	空气质量令人满意，基本无空气污染	各类人群可正常活动
51～100	二级	良	黄色	空气质量可接受，但某些污染物可能对极少数异常敏感人群健康有较弱影响	极少数异常敏感人群应减少户外活动
101～150	三级	轻度污染	橙色	易感人群症状有轻度加剧，健康人群出现刺激症状	儿童、老年人及心脏病、呼吸系统疾病患者并减少长时间、高强度的户外锻炼
151～200	四级	中度污染	红色	进一步加剧易感人群症状，可能对健康人群心脏、呼吸系统有影响	儿童、老年人及心脏病、呼吸系统疾病患者避免长时间、高强度的户外锻炼，一般人群适量减少户外运动

空气质量指数	空气质量指数级别	空气质量指数类别及表示颜色		对健康影响情况	建议采取的措施
201~300	五级	重度污染	紫色	心脏病和肺病患者症状显著加剧，运动耐受力降低，健康人群普遍出现症状	儿童、老年人和心脏病、肺病患者应停留在室内，停止户外运动，一般人群减少户外运动
>300	六级	严重污染	褐红色	健康人群运动耐受力降低，有明显强烈症状，提前出现某些疾病	儿童、老年人和病人应当留在室内，避免体力消耗，一般人群应避免户外活动

4.7.6 评价指标变化情况评价

4.7.6.1 监测值同比评价

将本期评价时间段内的每个评价指标监测值分别与往年同期每个评价指标监测值进行比较，采用同比增长或下降率评价其变化情况：

$$同比增长(下降)率(\%) = \left(\frac{本期监测值}{往年同期监测值} - 1 \right) \times 100\%$$

同比评价指标的监测值增长（下降）率小于等于 5%，评价结果为该评价指标的监测值同比变化不大；同比评价指标的监测值增长（下降）率介于 5%~10%（含 10%），评价结果为该评价指标同比污染程度略有变差（改善）；同比评价指标的监测值增长（下降）率介于 10%~20%（含 20%），评价结果为该评价指标同比污染程度有所变好（变差）；同比评价指标的监测值增长（下降）率介于 20%~30%（含 30%），评价结果为该评价指标同比污染程度明显变好（变差）；同比评价指标的监测值增长（下降）率大于 30%，评价结果为该评价指标同比污染程度大幅变好（变差）。

4.7.6.2 监测值环比评价

将本期评价时间段内的每个评价指标监测值分别与上期每个评价指标监测值进行比较，采用环比增长或下降率评价其变化情况：

$$\text{环比增长(下降)率}(\%) = \left(\frac{\text{本期监测值}}{\text{上期监测值}} - 1 \right) \times 100\%$$

环比评价指标的监测值增长（下降）率小于等于 5%，评价结果为该评价指标的监测值环比变化不大；环比评价指标的监测值增长（下降）率介于 5% ~ 10%（含 10%），评价结果为该评价指标环比污染程度略有变差（改善）；环比评价指标的监测值增长（下降）率介于 10% ~ 20%（含 20%），评价结果为该评价指标环比污染程度有所变好（变差）；环比评价指标的监测值增长（下降）率介于 20% ~ 30%（含 30%），评价结果为该评价指标环比污染程度明显变好（变差）；环比评价指标的监测值增长（下降）率大于 30%，评价结果为该评价指标环比污染程度大幅变好（变差）。

4.7.7　污染负荷变化情况评价

用评价时间段内的各评价指标的浓度均值(臭氧为特定 90 百分位浓度值，一氧化碳为特定 95 百分位浓度值)，除以全省各城市该评价指标的平均浓度值的总和，再乘以 100%，计算该评价指标的污染负荷。污染负荷计算如下式所示：

$$C_i = \frac{A_i}{\sum_{n=1}^{21} A_n} \times 100\%$$

式中：A_i 为评价指标的浓度均值；

　　　A_n 为全省各城市评价指标的浓度均值；

　　　C_i 为污染负荷；

　　　i 为污染物项目。

4.8　典型污染过程分析

4.8.1　浮尘污染过程分析

沙尘天气过程对我省环境空气质量造成影响，为客观评估和反映大气污染治理成效，可剔除沙尘天气过程的监测数据。

4.8.1.1　影响时段判定

1. 起始时间判定

沙尘天气影响起始时间可采用两种方法确定:

(1)城市 PM_{10} 小时平均浓度大于等于前 6 个小时 PM_{10} 平均浓度的 2 倍且大于 150 微克/立方米作为受影响起始时间;

(2)城市 $PM_{2.5}$ 与 PM_{10} 小时浓度比值小于等于前 6 个小时比值平均值的 50%作为受影响起始时间。

2. 结束时间判定

以城市 PM_{10} 小时平均浓度首次降至与沙尘天气前 6 个小时 PM_{10} 平均浓度相对偏差小于等于 10%作为沙尘天气影响结束时间的判定依据。

4.8.1.2　受影响时段数据统计方法

当城市任一时段受沙尘天气影响时,该自然日内城市 PM_{10}、$PM_{2.5}$ 日均值不参加年(季、月)空气质量评价、考核和排名,也不计入优良(超标)天数比例统计。

4.8.2　生物质焚烧过程分析

某个城市细颗粒物($PM_{2.5}$)、颗粒物(PM_{10})、一氧化碳(CO)小时浓度值同时迅速陡增,同时 $PM_{2.5}/PM_{10}$ 占比大于 60%,城市小时首要污染物为 $PM_{2.5}$,同时通过与当地工作人员核实实际情况,判定该城市是否受生物质焚烧影响。通过环境空气质量指数(AQI)等级和颗粒物浓度值描述受影响程度。

4.8.2.1　全省的颗粒物年均浓度贡献

用某城市受生物质焚烧时间段内的 PM_{10}(或 $PM_{2.5}$)的小时浓度均值,减去受生物质焚烧影响当天该城市 PM_{10}(或 $PM_{2.5}$)的未受影响小时浓度均值,再乘以受影响小时数,再除以全省年均浓度值,再除以全省城市数,再除以全年天数(365 或 366),计算得到该城市生物质焚烧对全省的颗粒物年均浓度贡献。该城市对全省的颗粒物年均浓度贡献计算如下式所示:

$$C_{\text{全省年贡献}} = \frac{(P_{\text{受影响浓度均值}} - P_{\text{未受影响浓度均值}}) \times H_{\text{受影响小时数}}}{P_{\text{全省年均浓度值}} \times 21 \times 365} \times 100\%$$

受影响城市对全省的颗粒物年均浓度贡献计算如下式所示：

$$C_{全省总年贡献} = \sum_{i=1}^{n} C_i$$

式中：C_i 为城市对全省的颗粒物年均浓度贡献；

$C_{全省总年贡献}$ 为受影响城市对全省的颗粒物年均浓度的总贡献。

4.8.2.2 城市的颗粒物年均浓度贡献

用某城市受生物质焚烧时间段内的 PM_{10}（或 $PM_{2.5}$）的小时浓度均值，减去受生物质焚烧影响当天该城市 PM_{10}（或 $PM_{2.5}$）的未受影响小时浓度均值，再乘以受影响小时数，再除以全省年均浓度值，再除以全年天数（365 或 366），计算得到该城市生物质焚烧对全省的颗粒物年均浓度贡献。对该城市的颗粒物年均浓度贡献计算如下式所示：

$$C_{城市年贡献} = \frac{(P_{受影响浓度均值} - P_{未受影响浓度均值}) \times H_{受影响小时数}}{P_{全省年均浓度值} \times 365} \times 100\%$$

4.8.3 烟花爆竹污染过程分析

农历大年三十和大年初一夜间为烟花爆竹燃放高风险期，用全省受烟花爆竹燃放影响时间段内的 PM_{10} 或 $PM_{2.5}$ 的小时浓度均值，减去受烟花爆竹燃放影响当天全省 PM_{10} 或 $PM_{2.5}$ 的未受影响小时浓度均值，再乘以受影响小时数，再除以全省年均浓度值，再除以全年天数（365 或 366），计算得到该城市浮尘污染对全省的颗粒物年均浓度贡献。烟花爆竹燃放对全省的颗粒物年均浓度贡献计算如下式所示：

$$C = \frac{(P_m - P_n) \times H}{P \times 365} \times 100\%$$

式中：C 为烟花爆竹燃放对全省的 PM_{10} 或 $PM_{2.5}$ 年均浓度贡献；

P_m 为受烟花爆竹燃放影响期间全省的 PM_{10} 或 $PM_{2.5}$ 小时浓度均值；

P_n 为未受烟花爆竹燃放影响期间全省的 PM_{10} 或 $PM_{2.5}$ 小时浓度均值；

H 为受烟花爆竹燃放小时数；

P 为全省 PM_{10} 或 $PM_{2.5}$ 年均浓度值。

4.8.4 不利污染气象条件

盆地秋冬季受静小风、逆温、高湿、污染边界层高度低等不利污染气象条件影响，城市污染物输送、扩散、稀释和清除不畅，易出现颗粒物区域污染过程，严重的时段可出现城市重度污染过程。不利污染气象条件导致区域环境容量明显减少，是导致污染的外因，区域污染源排放持续，是污染的内因。分析典型不利污染气象条件下的污染过程，应从气象和污染源两方面入手。

4.8.4.1 浓度分析

极值浓度：受不利污染气象条件影响，污染物浓度随时间变化，空气质量由良好逐渐恶化为轻度，直至重度污染，污染物浓度存在一个浓度变化区间。采用污染过程的极值浓度进行浓度分析，分为极小值浓度和极大值浓度。

极小值浓度=min（X_i）

极大值浓度=max（X_i）

X 为某项污染物浓度序列，X_i 为某时间点上的浓度。

超标倍数：当某种污染物监测值大于对应的标准浓度限值时，用超标倍数表征污染物超标污染的严重程度，超标倍数 $= \dfrac{C_1}{C_2} - 1$

式中：C_1 为某污染物的浓度监测值；C_2 为对应的标准限值。

升高/降低幅度：随着不利污染气象条件的持续，污染物浓度在某个过程中呈波动累积态势，分析时段中污染物浓度的最大值 max（X_i）与最小值 min（X_i）的差值与最小值 min（X_i）的比值，即为升高幅度，一般用"倍数"表示。反之，随着污染气象条件的转好，污染物浓度在某个过程中呈波动下降态势，分析时段中污染物浓度的最大值 max（X_i）与最小值 min（X_i）的差值与最大值 max（X_i）比值，即为降低幅度，一般用"百分比"表示。

污染物极值浓度、超标倍数及升高幅度可用于衡量不利污染气象条件下的污染严重程度。

4.8.4.2 PM$_{2.5}$/PM$_{10}$

不利污染气象条件下的污染过程，往往存在污染物的持续累积，污染物在不同气象条件下的复杂二次转化过程，生成细颗粒物。因此，细颗粒 PM$_{2.5}$ 与可吸入颗粒物 PM$_{10}$ 的占比可用于间接分析二次转化污染物的占比。我省盆地城市常年 PM$_{2.5}$/PM$_{10}$ 介于 0.6 ~ 0.7，在秋冬季节不利污染气象条件，

$PM_{2.5}/PM_{10}$ 可大于 0.7，甚至达到 0.8 以上。从图 4-4 可以看出，在 $PM_{2.5}$ 高浓度时候，盆地某城市的颗粒物占比均在 0.6 以上，说明细颗粒物占比极高。

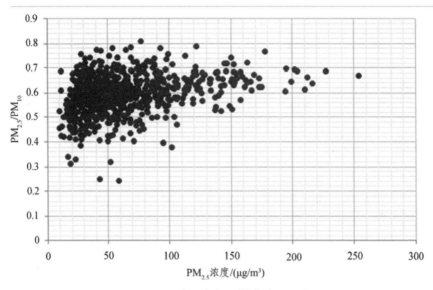

图 4-4   盆地某市细颗粒物占比分析图

4.8.4.3   逆温

逆温是在某些天气条件下，地面上空的大气结构会出现气温随高度增加而升高的反常现象，当近地层发生逆温时，污染物往往容易堆积在近地层，造成污染物浓度升高。

逆温是垂直大气层结稳定的一种表现。通常情况下，采用温度-对数压力图（$T\text{-}\ln P$）。温度-对数压力图是一种普遍的热力学图解分析方法，它能反映出站点上空的气压、气温、温度等气象要素的垂直分布状况，并用来判定层结稳定度，分析垂直扩散能力。同时，模式预测的温度-对数压力图（T-lnP）可用于污染气象分析。

分析逆温可从逆温强度、逆温低高、逆温顶高等指标分析。

逆温强度：逆温状态下，高度每升高 100 m，大气温度升高的度数。逆温强度越大，表明大气垂直层结越稳定，越不利于污染物垂直扩散。

$$逆温强度 \; I = \frac{\Delta T}{\Delta h}$$

逆温低高/顶高：逆温状态下，温度随高度升高的反常现象出现的高度层中，最底层对应逆温低高，最高层对应逆温顶高。如果低高等于地面，那么属于贴地逆温。逆温层中，污染物垂直扩散不易，一般，低高以下的污染物很难穿过逆温层。因此，逆温低高之下，污染物浓度容易累积，污染物被限制在贴低层。

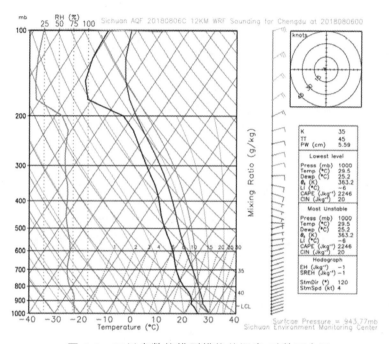

图 4-5　四川省数值模型模拟的温度-对数压力图

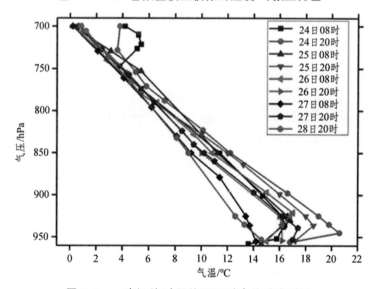

图 4-6　一次污染过程的不同时次的垂直逆温

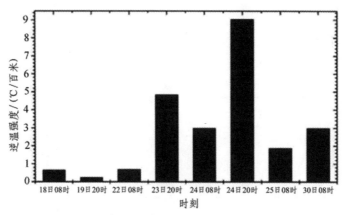

图 4-7　一次污染过程中各时段逆温强度变化

4.8.4.4　污染边界层

污染边界层是指由于大气层的垂直分布，导致污染物在近地层形成一个浓度较高的空间，污染物浓度明显高于高层的清洁大气。受季节气象条件变化，大气边界层可从几百米到一千米以上。边界层较低时，污染物在垂直空间的扩散能力受限，污染物浓度显著升高。

图 4-8 是成都市某次污染过程部分时段的污染边界层变化图，采用激光雷达连续观测。成都市边界层高度从 18 日 0:00～14:00 大气边界层维持在 300 m 左右，期间空气质量由中度污染逐步恶化至重度污染；14:00～23:00 随着边界层高度由 300 m 抬升至 600 m，升高 2 倍，期间空气质量从重度污染逐步改善至轻度污染。

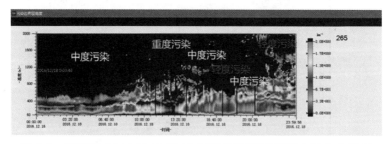

图 4-8　成都市 2016 年 12 月 18 日污染边界层高度小时变化情况

4.8.4.5　组分及源解析分析

1. PM$_{2.5}$ 与离子组分分析（见图 4-9、4-10）

利用在线颗粒物组分监测仪器，分析细颗粒物中的主要组份为有机物、硫酸根、硝酸根、铵根和元素碳，计算其中各组分的平均浓度与细颗粒物的占比。以成都市一次污染过程为例，污染过程存在两个阶段：（1）0:00 ~ 14:00，$PM_{2.5}$各组分处于累积上升阶段，期间二次无机离子 SNA（硫酸根、硝酸根、铵根合称 SNA）和有机物（以有机碳的 1.8 倍计）的总浓度为 92.5 $\mu g/m^3$，占 $PM_{2.5}$的 56%。其中，12:00 ~ 14:00 持续 3 小时重度污染，硝酸根/硫酸根比值升高明显，期间硝酸根/硫酸根的比值为 1.85，较常态时期占比升高约 0.4。且重度污染期间硝酸根平均浓度为 29.7 $\mu g/m^3$，较常态时升高 50%。说明重度污染期间，存在极高的汽车尾气排放源和较强的二次转化过程。（2）14:00 点开始，所有组分浓度开始下降趋势，空气质量开始改善，以轻度污染为主。期间二次无机离子 SNA 和有机物（以有机碳的 1.8 倍计）的总浓度为 92.3 $\mu g/m^3$，占 $PM_{2.5}$的 60%，较 14:00 前升高 4 个百分点。说明二次转换较 14:00 前有所加重。

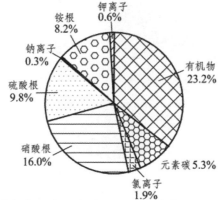

图 4-9 成都市一次污染过程 $PM_{2.5}$ 中各组分监测分析情况

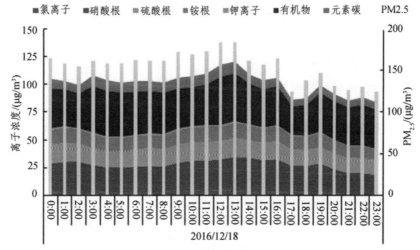

图 4-10 成都市一次污染过程 $PM_{2.5}$ 的浓度和离子、有机物、元素碳的浓度日变化

2. PM₂.₅来源解析

采用时间飞行质谱仪在线观测颗粒物组分，并结合已有的污染源谱进行反演分析，快速解析 PM₂.₅来源。以某市一次污染过程为例，对 2016 年 12 月 18 日 0 点-12 月 18 日 23 点（周日）期间的 PM₂.₅监测数据进行来源解析，将 PM₂.₅来源归结为七大类，分别为扬尘、生物质燃烧、机动车尾气、燃煤、工业工艺源、二次无机源和其他来源。

图 4-11 为监测期间 PM₂.₅来源分布情况。从图中可以看出，主要污染源为机动车尾气（20.9%）、二次无机（20.7%）、燃煤（17.4%），其次为生物质燃烧源（15.2%），其余来源比例为 7.3% ~ 10.7%。

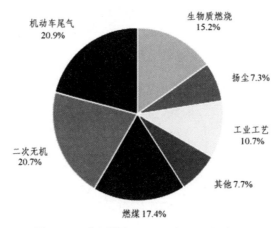

图 4-11　监测期间 PM₂.₅来源分布情况

4.8.5　综合分析

1. 气象因子与污染物的关系

气象因子影响污染物的累积、转化等过程，运用污染物浓度与气象因子联合分析，可以分析污染物在特殊气象条件下的浓度特征。如图 4-12，NO₂与 PM2.5 浓度整体呈现线性关系，表明两者浓度变化受环境影响较为一致，但高湿度条件下，对应 PM₂.₅浓度较高。

2. 遥感 AOD 的应用

污染物累积往往表现为区域成片的态势，在空间上，浓度分布较为均匀。运用遥感资料，可以分析污染物的空间分布，与监测点位浓度对应分析，可以整体评估污染物的空间分布（见图 4-13）。

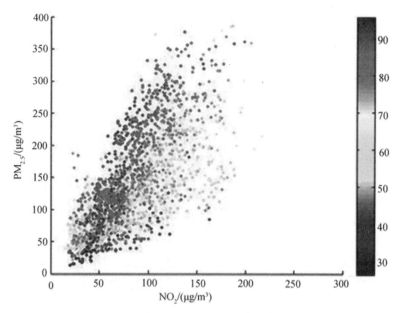

图 4-12　NO_2 与 $PM_{2.5}$ 浓度关系

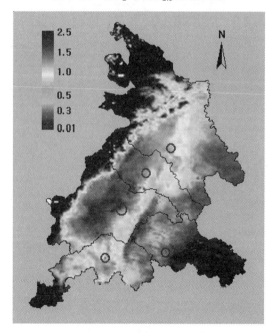

图 4-13　污染物的空间分布

参考文献

[1] 付强. 环境空气质量自动监测系统基本原理及操作规程[M]. 北京：化学工业出版社，2016.

[2] 翟崇治，鲍雷，等. 环境空气自动监测技术[M]. 重庆：西南师范大学出版社，2013.

[3] 刘舒生. 环境空气质量监测工作手册[M]. 北京：中国环境出版社，2015.

[4] 王瑞斌. 国家环境空气背景监测网络设计与监测技术应用[M]. 北京：中国环境出版社，2013.

[5] 王业耀，李宝林. 国家重点生态功能区县域生态环境质量监测评价与考核业务信息系统研究与应用[M]. 北京：中国环境出版社，2015.

[6] 陈斌. 环境空气质量预报预警方法技术指南[M]. 北京：中国环境出版社，2014.

[7] 环境空气质量监测点位布设技术规范（试行）[Z]. 2013-9-22.